곤도 노리코의
수납이 잘된 집

수납 인테리어의 女王
곤도 노리코의 수납이 잘된 집

지은이 곤도 노리코
옮긴이 최수진
펴낸이 양동현
펴낸곳 도서출판 아카데미북
　　　　출판등록 제13-493호
　　　　136-034, 서울 성북구 동소문동4가 124-2
　　　　전화 02-927-2345 팩스 02-927-3199

초판 1쇄 인쇄 2009년 10월 5일
초판 1쇄 발행 2009년 10월 15일

ISBN 978-89-5681-097-3 13590

www.academy-book.co.kr

수납 인테리어의 **女王**

곤도 노리코의 수납이 잘된 집

곤도 노리코(近藤 典子) 지음 · 최수진 옮김

아카데미북

차례

독자께 알리는 말씀
이 책에 소개된 많은 인테리어 용품들을 원서에 소개된 그대로 실었습니다. 책의 내용을 구성하는 품목이기에 엔화 표기도 원안 그대로 노출하였으므로, 독자께서는 다양한 정보와 아이디어를 공유하시는 데 의미를 두고 양해해 주시기 바랍니다.
— 편집자 주

쾌적한 삶을 제안하는 집

내가 고안해서 지은 집이 완성되었다.
이 집에는 내 삶과 철학이 담겨 있다.
이 집이 지향하는 것은 '기운이 펄펄 나는 집'!
앞으로 이 집을 무대로 새롭게 시작할 것이다!
하루하루를 즐기면서 곤도 노리코다운 제안을 하고 싶다.
많은 꿈을 꾸게 해 주는 나의 집이다!

결혼 후 살아 온 집은 네 곳
모든 집에 추억이 가득하다

'집을 짓자'는 목표를 세우고 인생에서 가장 큰일에 착수한 것이 꼭 2년 전이다. 대지를 고르는 일부터 설계를 포함한 본격적인 주택 짓기까지, 태어나서 처음으로 경험하는 일이었다.
결혼하고 나서 13년간은 임대 아파트와 도영 주택에, 그 후 8년은 건축업자가 지은 건평 14.5평의 작은 집에 살았다. 마지막으로 살던 집은 수납·청소와 관련된 촬영으로 대중에게 처음 공개했고, 시어머니와의 동거가 시작된 추억이 많은 집이다.

2,000채 이상의 집을 방문한
경험을 살리다

이사 대행업을 하던 시절은 물론 수납 관련 일을 하던 시절에도 많은 집을 방문했다. 2,000군데 이상은 족히 될 것이다.
그동안 내 머릿속에는 조금씩 조금씩 '많은 사람이 모여 부담없이 즐길 수 있는 집'이 자리를 잡아 갔다. 저마다 편한 시간에 모여서 자유롭게 이야기를 나누며 기운을 충전하는 그런 집 말이다.

부지 30평, 건평 24평
중량 철골 구조, 방화(防火) 지역
집과 작업실이 하나 된
지하 1층, 지상 4층 건물

많은 사람들의 도움으로
'기운이 펄펄 나는 집'이 완성되었다

남편의 회사와 가깝고, 시어머니에게 친숙한 지역, 네모반듯한 땅. 이 세 가지 조건을 기준으로 고른 부지에 작업실이 딸려 있는 주택을 지어야 했다. 여러 가지 제약도 많았지만 '내 집 만들기 프로젝트'에 관심을 보여 준 업체들과의 협업이 결실을 맺었다. 모두 사람과의 만남에서 비롯된 일이었다.

설계 단계에서 완공까지, 아낌없이 도움을 주신 분들 덕분에 '곤도 노리코의 수납이 잘된 집'이 완성되었다.

살면서 시험하는 '실험 하우스'

다른 사람들에게 도움이 되는 제안을 계속하려면 내가 직접 모든 것을 시험해 볼 필요가 있는데, 그것을 실현시켜 줄 수 있는 곳이 바로 이 집이다.

집을 지을 때 내건 콘셉트가 맞는 것이었는지 잘못된 것이었는지, 생활 속에서 그 답을 도출해 나가는 것이 앞으로 풀어야 할 과제다.

'상자로서의 집 만들기'는 일단 종료되었다. 그러나 '상자 속의 집 만들기'는 아직 미완성 상태다. 9가지 콘셉트를 확인하면서 '기운이 나는 집'이라는 새로운 목표를 향해 다시 출발한다.

기운 나는 집 만들기-9가지 콘셉트

곤도 씨는 설계를 진행하면서 '9가지 콘셉트'를 생각했다. 어려운 일일수록 의욕에 불타는 성격인 만큼 보기 좋게 성공했다. 그 과정을 하나하나 따라가다 보면 '쾌적한 삶'이란 어떤 것인지에 대한 답이 떠오를 것이다.

각 층의 방 배치도

그 안에 사는 사람의 원기를 북돋우는 집

이는 많은 사람이 모이기 편한 집, 집안일이 쉬워져 마음에 여유가 생기는 집을 의미한다. 그를 위한 똑똑한 기능을 '집'이라는 그릇에 담아내기 위한 9가지 아이디어를 생각해 보았다. 신축도, 리폼도 필요 없는, 지금 당장 실생활에 도입할 수 있는 방법도 무궁무진하다.
당신의 하루하루가 풍요해지기를 바라며!

4층

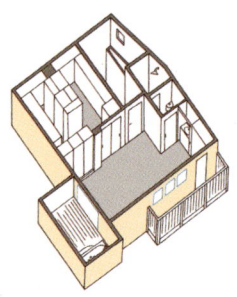

3층
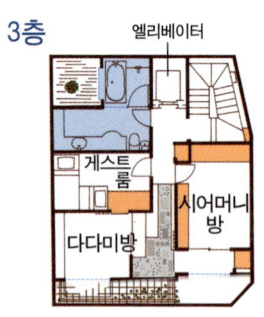
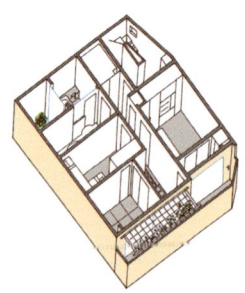

2층

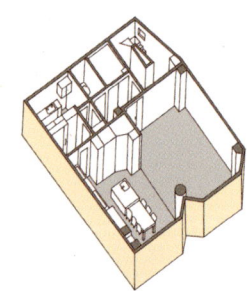

1층
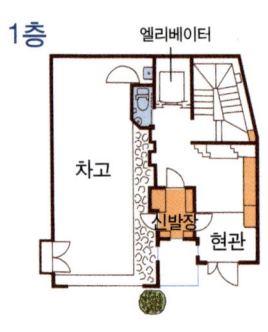
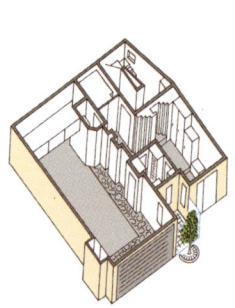

지하 1층

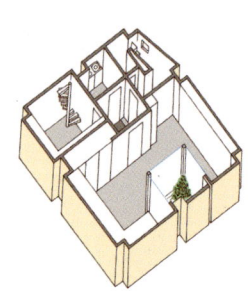

CONCEPT 1 표준 크기가 기본

이 집을 '새로운 주거 형태의 실험 하우스'로 생각한 곤도 씨가 가장 중점을 둔 것은 공간별 크기다.

"전체적으로는 큰 집이지만 각 방의 넓이와 천장 높이 등은 주택의 표준에 맞춰 정했어요. 그렇지 않으면 어떻게 해도 실생활에 도움이 되지 않을 테니까요."

설계 단계에서는 2층의 거실을 탁 트인 느낌이 들도록 더 널찍하게 잡은 제안도 나왔다. 그러나 결국 거실과 다이닝키친은 각

7.5평으로 하고, 작업실 옆에 독신자를 위한 서브 키친도 만들었다. 천장 높이는 260cm. 신축 아파트를 참고하여 정한 것으로, 직접 시공하는 주택으로서는 이례적인 경우다.

또 아이 방의 레이아웃을 시도해 보기 위해 2.5평의 작은 방도 만들었다. 1㎡ 이하의 화장실, 아파트 평균 크기의 욕실 등 새로운 개념의 집을 만드는 데 있어 첫 번째 포인트는 바로 '표준 크기'였다.

7.5평이지만 훨씬 넓어 보이는 **거실**

➡ P20

2.5평에 침대 3개 **게스트 룸**

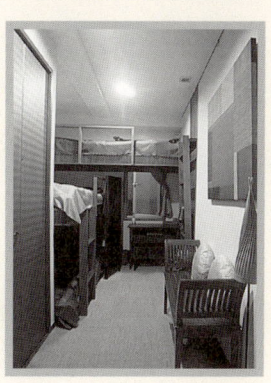

➡ P58

평균 크기보다 좁은 **화장실**

➡ P67

아파트 평균 크기의 **욕실**

➡ P68

CONCEPT 2 변화하는 공간 구조

좁은 공간에서 즐겁게 생활하려면 어떤 집을 만들어야 할까? 곤도 씨가 고심 끝에 내린 결론은 '공간을 쉽게 변화시킬 수 있으면 된다.'는 것이다. 상황에 맞춰 공간을 다양한 방식으로 사용할 수 있는 장치를 여기저기에 마련했다.

예를 들어 2층의 LDK Living room and Dining Kitchen. 급수와 배수는 물론이고 가스와 전기까지 쓸 수 있는 아일랜드 카운터는 이동이 가능하다. 또 대부분의 가구와 설비는 용도에 맞게

간단히 구조를 바꿀 수 있다. 손님 수에 따라 방의 레이아웃을 자유롭게 변화시킬 수 있다면 홈 파티를 즐기는 방식도 다양해질 것이다. 드레스 룸의 경우에는 칸막이벽부터 커다란 수납장까지 모두 간단히 분해할 수 있는 가동식이다.

아이가 성장해 감에 따라 그에 맞춰 환경을 바꿀 수도 있다. 리폼에도 대비하여 미리 설계에 반영할 수 있다는 것을 곤도 씨의 집이 보여 주고 있다.

사람들이 모이는 거실의 3가지 표정 변화

➡ P16

➡ P17

➡ P20

아이 방에도 응용할 수 있는,
가구가 움직이는 **드레스 룸**
➡ P82

간병 리폼용으로 배관한 **시어머니 방**
➡ P84

CONCEPT 3
편하고 능률적인 가사 동선

하루하루의 생활 속에서 주부들이 겪는 가사 부담은 매우 크다. 곤도 씨는 말한다. "집안일이 조금이라도 편해지면 시간이 절약되고 마음에 여유가 생겨 생활 전반에 윤기가 돌지요." 이러한 목표를 위해 '집의 기능'을 어떻게 강화할 것인지에 대한 문제는 이번 '집 만들기 프로젝트'에서 곤도 씨가 스스로에게 부과한 큰 과제였다.

가사 부담을 덜기 위한 기본 원칙은 효율적인 가사 동선을 유지하는 것. 이를 위해 크게는 공간 배치에서부터 작게는 세제 놓는 위치에 이르기까지 세세한 설계가 이루어졌다. 요리, 세탁, 청소 등의 흐름을 이미지화하여 동작의 점을 선으로 치환해 가는 작업의 연속이었다.

세탁실에서는 세탁물을 빨고 말리고 개고 다림질을 하는 일련의 과정이 단지 몇 걸음만 움직이는 것으로 완성된다.

"신축이나 리폼을 계획하고 있는 사람들만을 위한 것이 아니에요. 선반 하나를 다는 데도 어디에 달아야 편리할지, 어떤 크기가 가장 좋을지 등을 고민했어요."

곤도 씨의 '가사 동선 줄이기'를 위한 노력은 오늘도 계속되고 있다.

주방에서 쓰레기통으로 바로 연결된
쓰레기 투하 장치

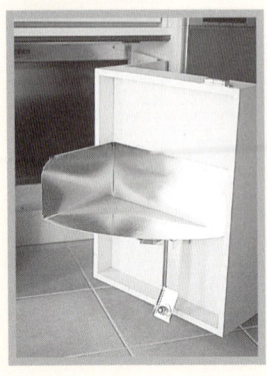

➡ P31

식료품 등을 저장할 수 있는
저장실

➡ P37

세탁실에서는 몇 걸음만 움직이면
세탁에서 다림질까지 한 번에

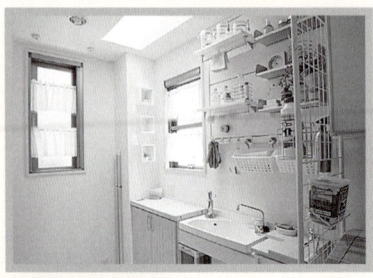

청소 도구는
사용하는 장소에 항시 대기

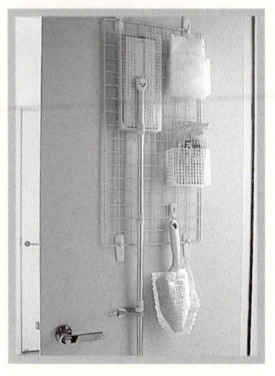

➡ P48

세탁물을 떨어뜨릴 수 있는
탈의 슈트

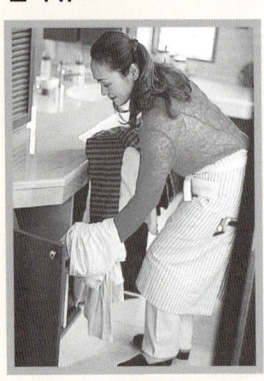

➡ P44 · 71

➡ P42

CONCEPT 4
보여 주는 수납, 감추는 수납

수납 공간을 확보하는 것도 주택을 지을 때 중요한 포인트다. 하지만 곤도 풍(風)은 이에 그치지 않는다. "기능뿐만 아니라 인테리어 면에서도 만족할 수 있는 방법을 찾으려고 했어요. 모든 것에 문을 달면 보기에도 답답하고 물건을 꺼낼 때도 번거롭죠. 보여 주기와 감추기의 균형을 맞추려고 신경 썼어요." 업체와 힘을 합쳐 탄생시킨 수납 공간은 아이디어의 보고다. 서

랍을 거꾸로 사용하는 울트라C 기법 등의 세심한 테크닉으로 가득한 주방. 필요할 때만 선반과 후크를 장착할 수 있도록 레일을 이용한 벽면 수납.
서랍 속은 1,000원 숍에서 구입한 물품을 적극적으로 활용하여 정리했다. DIY로 직접 만든 '가리개 문' 등 간단히 따라할 수 있는 아이디어로 가득하다.

선반과 후크를 자유롭게 달 수 있는
레일 달린 패널

주방의 여닫이찬장을 없애
거실과 하나로 연결된 느낌

➡ P28

1천 원짜리 소품으로 가지런하게 정리

현란한 색채를 자제하고
개방적인 분위기를 연출

➡ P24

➡ P37　　➡ P46

➡ P105

CONCEPT 5
관리하기 편한 인테리어와 건구

내장재와 문 등의 건구는 어디에 포인트를 두어 선택하느냐에 따라 크게 달라진다. "청소하기 쉽고 관리하기 편한 것을 찾았어요. 아무리 멋진 물건이라도 깨끗한 상태를 유지하는 데 힘이 들면 오히려 스트레스가 될 뿐이죠."
닦을 수 있는 블라인드, 때가 잘 벗겨지는 칠벽, 구석구석 청소 가능한 변기 등 전시장이나 전시회에서 볼 수 있는 최신식에서 곤도 씨가 오랫동안 애용해 온 익숙한 상품까지 편리한 설

비와 물품이 새 집에 빼곡하다.
또 하나의 선택 포인트는 내구성. "좋은 나무로 정성껏 만든 마루는 맨발로 걸을 때 감촉이 다르더군요." 곤도 씨가 반해 버린 바닥재에서부터 닦으면 흠집이 깨끗이 지워지는 재질의 문까지 한자리에. 튼튼하고 오래 가는 것은 물론 곤도 씨의 안목으로 선택된 실내 장식품과 건구는 말 그대로 새로운 발견으로 가득하다.

흠집이 나도
지울 수 있는 재질의 **문**

한 장씩 떼어 닦을 수 있는
블라인드

때가 잘 벗겨지는
칠벽

청소하기 쉬운
화장실

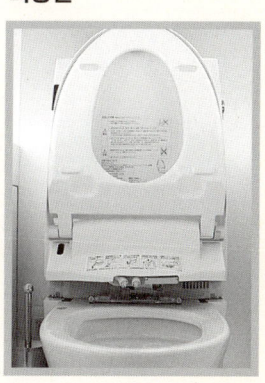

➡ P49　　➡ P49　　➡ P49　　➡ P49 · 66

CONCEPT 6 　현명한 비용 절감

"금전 감각이 없어지네요. 하고 싶은 대로 다 하려면 끝이 없을 것 같아요."

공사 과정에서 곤도 씨가 여러 번 했던 말이다. 절약할 수 있는 부분은 절약하고, 써야 할 부분은 현명하게 쓴다. 비용 절감 문제에 있어 고심한 것은 곤도 씨의 집도 예외가 아니었다.

여기서 곤도 씨의 특기가 발휘되었다. 업체를 상대로 가격 인하를 요구하는 행동 따위는 하지 않았다. 대신 그녀만의 기발한 아이디어로 승부했다.

다다미방에는 방을 넓게 쓸 수 있도록 이동식 도코노마(床の間 : 객실인 다다미방의 정면에 바닥을 한 층 높여 만들어 놓은 곳)를 설치했다. 그리고 조명은 전문가의 조언을 얻어 비용을 대폭 절약했다. 이러한 노력 끝에 비용 절감에 성공!

도코노마를 이동식으로

➡ P55

내구성이 우수한 **점포용 바닥**

➡ P90·97

안팎이 **다른 문**으로 인테리어

➡ P96

조명은 절약의 보고

➡ P102

CONCEPT 7
손님을 접대할 때는 셀프 서비스로

"손님을 접대할 때 주의할 점은 상대를 자연스럽게 배려해야 한다는 것이죠."

곤도 씨 접대의 키워드는 바로 '셀프 서비스'다. 개인적으로는 물론 업무적으로 방문하는 사람이 많은 만큼 서로 부담이 없도록 셀프 서비스 방식을 도입한 것이다. 셀프 서비스는 바쁜 집주인을 배려하고자 하는 손님의 마음을 생각한 접대 방식이기도 하다.

그러나 집안 구석구석 손님을 배려하는 주인의 세심함이 느껴져 손님은 자기도 모르게 "어머, 꼭 호텔 같아요!"라는 말을 연발하게 된다. 곤도 씨가 노린 것도 바로 이것이다. 호텔이야말로 손님이 자유롭게 사용할 수 있는 공간이기 때문이다.

손님의 입장을 생각하여 만든 **세면볼**

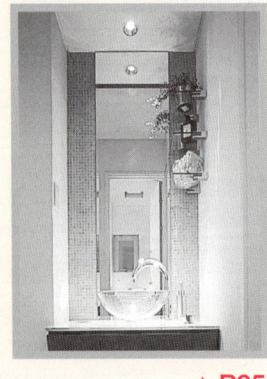

➡ P25

항상 손님을 기다리고 있는 **게스트 룸**

➡ P58

현관은 손님을 위한 공간

화장실에는 남녀별 **숙박 세트**를 비치

➡ P72

➡ P61

CONCEPT 8 노인을 배려한 설계

시어머니와 함께 산 지 벌써 10년. 서로를 위해 편안하고 꾸밈 없이 생활하는 것이 최선이라는 생각으로 지내 왔다고 한다. 최근에는 연세 드신 분들이 편하게 이동할 수 있도록 바닥의 턱 이나 칸막이를 제거하는 것이 추세지만 곤도 씨는 조금 다르다. "노인을 위해 집에 있는 장애물을 다 제거해 버리면 외출하셨 을 때 오히려 더 위험해요. 정형외과에서 접골사로 일한 경험 이 있는데, 그때 알게 된 사실에 의하면 다리를 들어 올리는 자

세가 몸에 배어 있지 않으면 잘 넘어진다는 것이에요. 그래서 생활 속에서 자연스럽게 운동을 할 수 있도록 현관에도 단을 만들었죠."

하지만 시어머니의 방은 3층. 미래를 생각해서 과감히 홈 엘리 베이터를 설치했다. 덕분에 시어머니의 생활 패턴이 훨씬 활 동적으로 바뀌었다고 한다. 진정한 배려가 어떤 것인지를 새 삼 느끼게 하는 곤도 풍 제안이다.

현관에 **벤치**를 설치

➡ P60 · 86

가족을 연결해 주는 **홈 전화**

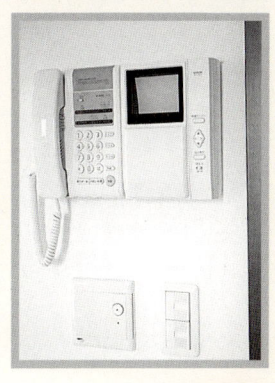

➡ P84

홈 엘리베이터를 설치

➡ P86

추운 날 사고가 많은 욕실에는
난방 시설을

➡ P87

CONCEPT 9
프라이버시를 지키기 위한 노력

생활 시간대가 전혀 다른 시어머니와 곤도 씨 부부, 집과 작업 실이 함께 있는 경우의 남편과 아내, 가족과 업무 스태프의 관 계 등등. 특히 곤도 씨의 집에는 2대가 함께 생활하고 있고, 또 많은 사람들이 드나든다. 이 때문에 여러 가지 상황을 고려한 프라이버시 보호 대책이 필요했다. 부부 침실에는 샤워 룸을 설치하고, 남편을 위한 방도 확보했다.

"어머니 방에 주방 시설까지 설치하면 얼굴을 맞댈 기회가 줄 어들 것 같았어요. 대신 아래층에 있는 부엌까지 걸음하시는 횟수를 줄여드리기 위해 미니 냉장고를 놓아 드렸죠."

계단을 밟는 소리가 나지 않도록 업무용으로 쓰는 소리 흡수 보드를 깔고 그 효과를 실험 중이다. 각자의 프라이버시를 존 중해 주는 것은 부부간 애정의 표현이다.

매우 유용한 **미니 냉장고**

➡ P75 · 82

부부침실에도 **화장실**을

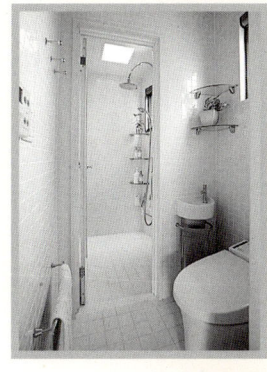

➡ P76

남편을 위한 방 확보

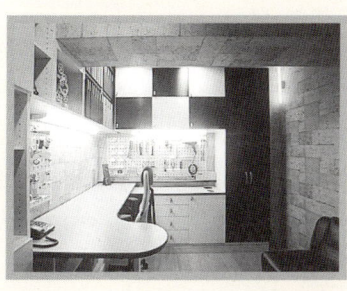

➡ P88

소리를 흡수하는 보드 활용

➡ P96

곤도노리코와 공동개발한 코오롱 수납비법

필요에 따라 순식간에
3가지 표정으로 변하는
거실

Living Room

아빠와 엄마, 그리고 자녀…

3개의 공간에서 3개의 모임을

차를 마시며 대화를 나눌 수 있는 엄마들의 공간

TV를 보고 게임을 즐길 수 있는
아이들의 공간

주방에서 보면 이런 느낌

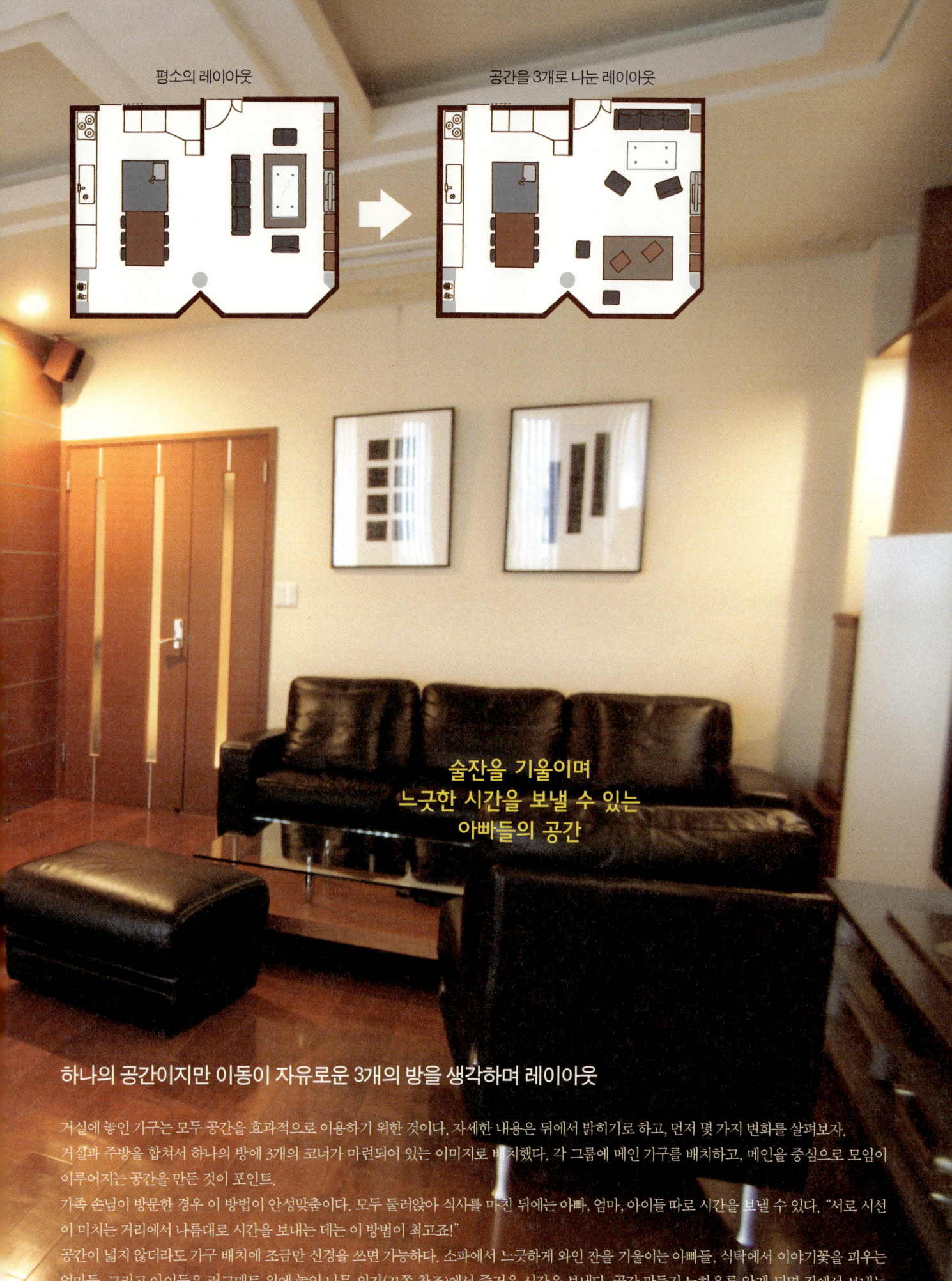

평소의 레이아웃 　　　공간을 3개로 나눈 레이아웃

술잔을 기울이며
느긋한 시간을 보낼 수 있는
아빠들의 공간

하나의 공간이지만 이동이 자유로운 3개의 방을 생각하며 레이아웃

거실에 놓인 가구는 모두 공간을 효과적으로 이용하기 위한 것이다. 자세한 내용은 뒤에서 밝히기로 하고, 먼저 몇 가지 변화를 살펴보자.

거실과 주방을 합쳐서 하나의 방에 3개의 코너가 마련되어 있는 이미지로 배치했다. 각 그룹에 메인 가구를 배치하고, 메인을 중심으로 모임이 이루어지는 공간을 만든 것이 포인트.

가족 손님이 방문한 경우 이 방법이 안성맞춤이다. 모두 둘러앉아 식사를 마친 뒤에는 아빠, 엄마, 아이들 따로 시간을 보낼 수 있다. "서로 시선이 미치는 거리에서 나름대로 시간을 보내는 데는 이 방법이 최고죠!"

공간이 넓지 않더라도 가구 배치에 조금만 신경을 쓰면 가능하다. 소파에서 느긋하게 와인 잔을 기울이는 아빠들, 식탁에서 이야기꽃을 피우는 엄마들, 그리고 아이들은 러그매트 위에 놓인 나무 의자(21쪽 참조)에서 즐거운 시간을 보낸다. 공간 만들기 노하우를 알게 되면 집에서 보내는 시간이 더욱 즐거워진다.

거실과 주방을 하나로 연결하여
편안한 홈 파티를 즐긴다

주방에서 보면 이런 느낌

독창적인 나무 의자를 창가에
정렬하여 벤치 대신 이용

소파는 벽 쪽으로 이동하여
공간 효과를 누리게 한다

평소의 레이아웃
홈 파티를 할 때의 레이아웃

카운터와 240cm로 늘린 식탁을 합쳐
뷔페 스타일로 연출

한 층 전체가 거실이라서 넉넉한 접대 공간

거실과 주방을 하나로 연결하면 집에서도 분위기 있는 홈 파티를 즐길 수 있다.
'많은 사람들이 모여서 스스럼없이 와자지껄하게 즐길 수 있는 공간을 만들면 얼마나 좋을까?' 곤도 씨가 '나중에 집을 짓는다면 이것만은 꼭
해 보고 싶다.'고 오랫동안 꿈꿔 왔던 일 가운데 하나다. 그 꿈을 실현한 것이 바로 LDK.
설계 단계에서부터 구상에 들어가 인테리어를 하는 데 이르기까지 세심하게 공을 들인 공간이기도 하다. 아일랜드 카운터와 식탁을 연결한 큰
테이블을 중심으로 주변에는 아무것도 놓지 않았다. 의자와 소파는 창가와 벽 쪽에 배치하여 뷔페 스타일로 연출했다. 마치 게임을 하듯 가구를
여기저기 옮기는 과정에서 즐거운 공간이 탄생하는 기쁨을 느낄 수 있다.
"집안을 손쉽게 변화시키다 보면 새로운 세계가 펼쳐진답니다. 여기서는 작은 발상 하나도 가슴 뛰는 일로 다가오지 않을까요?"
곤도 씨가 눈을 반짝이며 말한다.

평소에는 거실과 주방을 나누어 사용한다
각각의 공간이 기능을 발휘하는 기본 레이아웃

2층 엘리베이터 / 세탁실 / 화장실 / 저장실 / 손 씻는 곳 / 다이닝 키친 / 거실

❶ 정원을 마련할 공간이 없는 관계로 포인트로 심벌 트리

공간도 좁은 데다 제대로 관리할 자신도 없어 정원 만드는 일은 보류했지만 싱그러운 초록 공간이 그리웠다. 결국 V자 형으로 디자인한 거실의 삼각 창에서 식물이 자라는 것을 볼 수 있도록 현관 옆에 심벌 트리를 심었다.

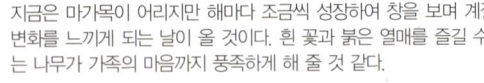

지금은 마가목이 어리지만 해마다 조금씩 성장하여 창을 보며 계절의 변화를 느끼게 되는 날이 올 것이다. 흰 꽃과 붉은 열매를 즐길 수 있는 나무가 가족의 마음까지 풍족하게 해 줄 것 같다.

❷ 거실 한쪽 벽에는 석재를 붙여 인테리어 효과를. 원래는 예정되어 있지 않았던 벽

말 그대로 마이너스(-)를 플러스(+)로 바꾼 좋은 예다. 이웃집의 일조량을 고려하여 벽을 사선으로 자르고, 자른 면에 석재를 붙여 거실에 포인트를 주었다.

❸ 커튼 박스로 세로 라인을 만들어 공간을 연출

공간을 세로로 길게 늘려 주는 마술. 창문과 같은 폭의 커튼 박스를 교대로 배치하여 세로 라인을 강조했더니 산뜻하고 시원한 느낌이 든다. 흰색과 암갈색의 조화도 플러스 요인이다.

❹ 런천 매트를 잘라 만든 수제 액자

비싼 것이 좋다는 생각과는 거리가 먼 곤도 씨. 거실에 걸 만한 그림을 찾아봤지만 마음에 드는 것이 없었다. 그렇다면 직접 제작을! 런천 매트를 잘라 저렴하게 구입한 액자에 넣어 장식했다.

바깥쪽은 모슬린 천, 안쪽은 폴리에스테르로 된 블라인드로, 날개를 열면 빛이 들어오고 닫으면 빛이 차단된다. 블라인드 : 일본 헌터 더글라스

커튼 박스는 위쪽에 만드는 것이 일반적이지만 여기서는 옆쪽에 설치했다. 창과 거의 같은 폭으로 목재 박스를 달았다.

천장 높이는 260cm 각 7.5평의 표준 사이즈로 공간을 넓게 쓰기 위한 아이디어가 가득

곤도 씨네 집 거실에 처음 발을 들여놓는 사람들 대부분의 첫 마디가 "넓군요."다. 그러나 이 공간의 넓이는 7.5평으로, 그리 넓지 않다. 요즘 웬만한 아파트도 이보다는 넓을 것이다. 천장 역시 높아지는 추세지만 곤도 씨는 일부러 표준 높이인 260cm를 선택했다. 그런데 어째서 천장이 높아 보이는 것일까? 먼저 세로로 라인을 만들어 높이를 연출했기 때문이다. 그리고 창에서 보이는 경치가 건물 뒤쪽인 관계로 창을 좁고 길게 만들었다. 이 또한 곤도 씨의 빛나는 아이디어 덕분이다. 또 한 가지는 제한된 공간을 효과적으로 활용할 수 있는 가구를 선택했다는 것이다. 곤도 씨의 특기를 살려 움직이고 넓히고 늘리고 줄이고 접어 변신시킬 수 있는 가구를 배치하여 다양성을 꾀했다.

입구에서 보면 이런 느낌

평소에는 이런 느낌

창가에서 보면 이런 느낌

3가지 패턴으로 순식간에 변신하는 비밀 대공개
레이아웃이 자유로운 움직이는 가구들

여기서 중요한 것은 '움직인다' 는 것이다. 거실에 있는 모든 가구들이 움직이며 분위기를 바꿔 준다.
주문한 것이든 가구점에서 구입한 것이든 바퀴가 있는지 없는지의 여부가 체크 포인트.

크기를 자유자재로 조절할 수 있는 식탁

평소에는 가족 수에 맞춰 사용하되 사람이 늘어날 때마다 한 면을 30cm씩 늘리면 된다. 이동이 가능하고, 크기를 늘리고 줄일 수 있어야 한다는 것이 필수 조건이다. 가구 디자이너에게 제작을 의뢰했다. 매우 기능적이고 아름다운 테이블!

식탁뿐만 아니라 다이닝 키친의 전체적인 분위기와도 어울리는 의자. 본체만 가구점에서 구입하고 커버는 소파와 어울리는 소재를 전문가에게 의뢰했다. 하세가와 데츠오

시스템 키친의 문, 바닥 색과 맞춘 식탁, 소파와 통일감이 느껴지는 의자. 다이닝 키친의 메인 아이템이다.

바퀴가 달려 있어 이동이 자유롭고, 사람 수에 따라 크기가 3단계로 변해

'늘릴 때의 간편함과 스피드가 관건' 이라는 제작자 하세가와 씨의 아이디어가 가득한 작품. 필요할 때마다 늘었다 줄었다 하는 장치가 심플한 디자인과 어울린다. 게다가 사용해 보니 매우 편리하다.

천판(天板)의 안쪽에 달려 있는 스토퍼를 벗기고 천판의 끝을 바깥쪽으로 민다.

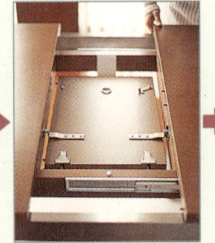
반으로 접힌 폭 30cm짜리 천판이 들어 있다. 이제 이걸 어떻게 한다?

후크를 잡고 천판을 꺼낸다. 선반에 흔히 쓰이는 까치발을 사용했다.

가까이 있는 까치발을 이용하여 변신 완료 조작이 매우 쉽다.

파티를 할 때 활용할 수 있도록 천판 밑에는 크고 작은 트레이가 숨겨져 있다.

자유롭게 조합할 수 있는 소파 세트

편안히 쉴 수 있으면서 인테리어 면에서도 처지지 않아야 한다는 생각으로 여러 인테리어 숍을 돌아보고 구입한 소파. 거실의 인상을 결정하는 큰 가구인 만큼 시간과 정성을 들여 꼼꼼하게 살펴보고 선택해야 한다.

3인용 소파를 중심으로 양쪽에 1인용 소파와 스툴을 배치했다. 3인용은 한 개씩 분리할 수 있는 구조다. 아비타사로네에서 구입.

1인용 소파 3개를 이어 붙여 3인용으로, 중후하지만 중압감이 들지는 않는다. 질 좋은 가죽을 사용했으며, 표면의 우레탄 피막이 흠집이 생기는 것을 막아 준다.

1인용으로 분리 가능하며, 연결할 때도 위에서 꽂아 넣는 방식이라 간단하다.

소파와 세트로, 발을 올려놓는 받침대로 만들어진 스툴. 손님이 왔을 때 보조 의자로 사용한다.

스툴과 마찬가지로 소파와 같은 가죽으로 주문한 쿠션 가죽의 부드러운 가죽의 고급스러운 분위기를 연출한다.

3가지 기능을 갖춘 독창적인 나무 의자

수납 가구 제조사인 마노네와의 공동 개발로 탄생한 다기능 나무 의자. 차바코(茶箱 : 엽차를 넣어두거나 나르는 데 이용하는 방습이 되어 있는 큰 나무 상자)를 떠올리며 만든 것으로, 테이블이나 의자, 수납 상자로 변신하는 다기능 가구다.

벽에 붙여 놓으면 마치 벤치와 같은 느낌이 든다. 언뜻 보면 단순한 2단 서랍장 같기도 하다.

바닥에는 스토퍼가 부착된 특제 바퀴가 달려 있어서 부드럽게 움직인다. 이 상자의 어디에 비밀이?

상자의 뚜껑처럼 생긴 위쪽 부분을 벗기면 가죽을 씌운 의자가 나타난다. 소파 색에 맞춰 검은 가죽을 씌웠다.

의자 밑에 있는 문을 열면 수납 공간이 있다. 거실에서 쓰는 물건을 수납하는 데 안성맞춤이다. 쉽게 넣고 꺼낼 수 있어서 편리하다.

나왔다, 마이 테이블! 상자 뚜껑에 달려 있는 접이식 다리를 펴서 세우기만 하면 된다.

다루기 편한 유리 테이블

공간을 넓게 쓰기 원할 때는 바퀴 달린 낮은 테이블이 제격. 유리로 된 천판과 목제 판자는 분리가 쉬워 다루기 간단하다. 사용하지 않을 때는 따로 분리해서 거실 밖으로 치워 놓으면 OK!

유리 밑에 있는 목제 판자는 통일감을 위해 바닥과 동일한 계열의 색상을 골랐다.

어디로든 이동 가능한 TV 받침대

'모든 가구를 움직임이 가능하게'가 조건인 거실. TV 받침대도 예외는 아니다. 대형 TV가 있다 해도 그 무게를 견딜 수 있는 바퀴가 달려 있으므로 쉽게 옮길 수 있다.

LDK의 스타, 아일랜드 카운터

이 아일랜드 카운터는 2군데에서 수도와 가스, 전기를 사용할 수 있다. 처음에 곤도 씨의 주문 내용을 듣고 제조사는 귀를 의심했다는 후문이 있다. 시행착오를 반복한 끝에 지금은 LDK의 스타로 군림하고 있다.

수도꼭지가 있는데도 어디로든 움직인다. 그 비밀은 구멍 속에!

500kg 가까운 무게를 떠받치며 부드럽게 움직이는 바퀴 4개를 모서리마다 설치했다.

바닥 밑에 구멍을 만들고 그 속에 수도, 가스, 전기의 모든 배선을 함께 설치했다. 깔끔해서 조작이 쉽고 편리하다.

구멍의 뚜껑을 바닥재와 같은 타일로 제작했기 때문에 이동 후에도 눈에 띄지 않는다.

가벼운 마음으로 편안하게 휴식을 취할 수 있도록
셀프 서비스로 대접한다

손님을 초대했을 때 상차림을 완벽하게 해 놓는 것만이 능사는 아니다.
'어느 정도는 손님 스스로 할 수 있게 한다' 는 것이 곤도 씨의 접대 방식.
스스럼없이 즐기다 갈 수 있어 더 오래 머물고 싶을 것 같다.

아무것도 없던 벽이 간단한 소품 하나로
'웰컴 투 마이 하우스' 로 변신

많은 사람이 모이는 홈 파티에서는 잔이나 안주 등을 올려놓을 수 있는
작은 공간을 마련해 두는 것이 편리하다. 가방이나 외투를 거는 수납 기
능도 있으면 더욱 좋다.

거실에 들어왔을 때 바로 오른쪽에 설치되어 있는 레일 달린 패널
은 집안 전체의 수납 가구를 제작한 회사의 상품이다. 평소에는
아무것도 없는 평평한 벽이지만 선반과 후크 등을 간단히 설치할
수 있는 구조로 되어 있어서 손님이 왔을 때 바로 이용 가능하다.
미니 테이블을 설치하거나 가방을 거는 등 손님 취향에 맞게 마음
대로 이용할 수 있다.

패널과 같은 소재로 만든 선반.
인테리어 효과도 좋다.

테두리가 있어서 작은 사이즈의
책이나 CD 등을 수납할 수 있다.

물건을 걸기 편리한 후
크. 무광택의 질감이 멋
스럽다.

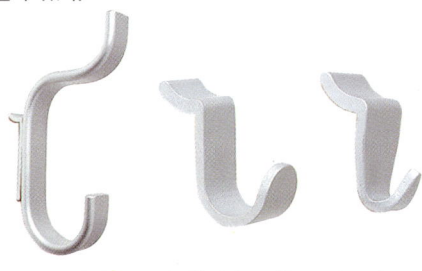

크고 작은 후크들. 필요한 것만 설치할 수 있어 편리하다.

손님의 입장이 되어 거실 밖에 만든 세면볼

손님으로 다른 집을 방문했을 때 손을 씻기 위해 하나밖에 없는 화장실에 들어가기란 왠지 미안하다. 이런 점에 착안하여 '손님을 위한 손 씻는 공간'을 만들자는 아이디어가 나왔다. 거실 입구 옆의 기둥이 돌출되어 있는 부분을 이용하고, 디자인에도 신경을 썼다.

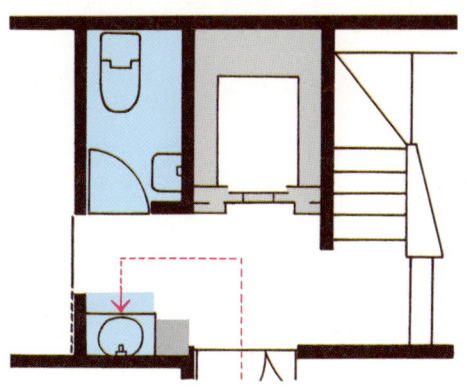

거실을 나오면 바로 옆에 손 씻는 공간이 있다. 맞은편 화장실에도 세면대가 있지만 '손님이 부담 없이 사용할 수 있도록' 배려하는 마음에서 설치했다.

건축가 에구치 다카노리 씨가 기능과 디자인에 중점을 두어 선택한 유리 볼. 높이 59cm로, 아이들도 편하게 손을 씻을 수 있도록 배려했다.

젖은 손을 닦기 위한 작은 수건. 조그맣게 접어 바구니에 넣어 두면 인테리어 효과도 볼 수 있다.

천판은 젖빛 유리 frost glass로, 그 밑에 어퍼 라이트를 사용하여 빛의 효과를 냈다. 볼이 떠 있는 것처럼 보이는 것은 이 때문이다.

사용한 수건은 천판의 둥근 구멍에 넣으면 된다. 밑에는 수건통이 감춰져 있어 그대로 들어 세탁실로 가져가면 된다.

곤도 노리코가 선택한
접대할 때 기능을 발휘하는 다양한 식기들

일식·양식·중식을 불문하고 손님을 접대할 때는 심플한 식기를 내놓는 것이 좋다.
손님 수에 맞춰야 하므로 간편하게 구입해서 언제든 보충할 수 있어야 한다는 점도 중요하다.

▼ 국이나 디저트를 담는 데 요긴한 구성. 3점 세트로 사용하면 손님 접대용으로 안성맞춤이다. 스푼까지 차곡차곡 쌓을 수 있어 수납 면에서도 탁월하다. 접시 16×20cm ￥640, 컵 11×H7cm ￥560, 스푼 각 ￥420 : 캐니온 ※키친 크로스는 참고품.

▲ 정사각형 모양으로 두께감이 있어 튼튼해 보인다. 큰 접시에는 메인 요리를, 작은 그릇에는 디저트를 담으면 된다. 세트로 갖춰 놓으면 활용 범위도 넓어진다. 접시(대) 26×26cm ￥945, (소) 18.5×18.5cm ￥514, 그릇 12×12×H7cm ￥399 : 캐니온

무엇을 담아도 그림이 되는 1.5cm 높이의 얇고 평평한 접시. 용도가 다양해서 편리하고, 차곡차곡 쌓아 놓으면 공간을 많이 차지하지 않는다는 점이 마음에 들었다고 한다. (대) 16×32cm ￥1,100, (소) 13×13cm 각 ￥340 : 키친월드 TDI

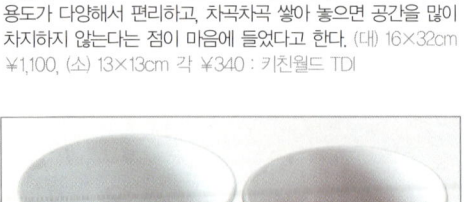

지나치게 비싸고 섬세한 식기는 손님에게 부담을 주거나 마음을 불편하게 할 수도 있으므로 접대용으로는 적당하지 않다. 이 카페오레 볼은 두께도 적당하고 손에 익숙한 묵직함이 단단하다는 느낌을 준다. 작은 대접으로 사용할 수도 있다. (대) 14×H7cm ￥399, (소) 13×H6.5cm ￥367 : 캐니온

▶ 옻칠을 한 커피 잔과 받침. 앙증맞은 모양이 사랑스럽다. 옻칠을 했어도 평범한 분위기라서 부담 없이 사용할 수 있다는 것이 포인트. 컵 7×H7.5cm, 접시 14.5cm, 스푼까지 3점 세트가 각 ￥5,300 : 도쿄야마토

◀ 슈퍼마켓이나 카페에서 쉽게 볼 수 있는 '듀라렉스' 유리컵. 밀리 단위로 다양한 사이즈가 갖춰져 있어 몇 개 골라서 준비해 두면 아이들 모임에서 술자리에 이르기까지 두루두루 유용하게 이용할 수 있다. 자동차 앞 유리에 쓰이는 강화 유리로 제작하여 전자레인지에 이용해도 되고 충격에도 강하다는 것이 장점. 가격이 합리적이어서 대량 구매해 놓아도 좋다. 피칼디 9×9.4cm 각 ￥368 : F.O.B COOP 아오야마점

사람 수와 용도에 따라 모양과 크기를 바꿔 내놓을 수 있는 시리즈로, 홈 파티의 필수 품목이다. S자형으로 구부러진 부분끼리 맞추면 정원이나 타원형 등의 다양한 모양으로 변신한다. 길쭉한 모양의 접시를 몇 개 이어 붙이면 생선회에 곁들이는 채소나 전채를 담는 데 안성맞춤. 직사각형 물결 모양 16.5×12cm(화이트) 각 ￥567, (블랙) 각 ￥504, (아이보리) 각 ￥504, 페이즐리형 16.5×10cm(화이트) 각 ￥491, (블랙) 각 ￥428 : 미노치야 키친 센터 ※키친 크로스, 포크는 참고품

독창적인 식기의 시작품 제2호 완성

조수인 오카모토 씨가 사가 현 출신인 관계로 인연을 맺게 된, 아리타도기와 이마리도기의 판매상 도쿄야마토. 곤도 씨의 제안에 따라 독창적인 식기를 만들어 보자는 계획이 진행되어 드디어 시작품 제2호가 도착했다.

한 벌의 그릇을 모두 펼쳐 놓으니 그릇 4개가 런천 매트에 쏙 들어간다.

뚜껑을 만든 이유는 수납을 고려한 것. 이렇게 쌓아 놓으면 많은 공간을 차지하지 않는다.

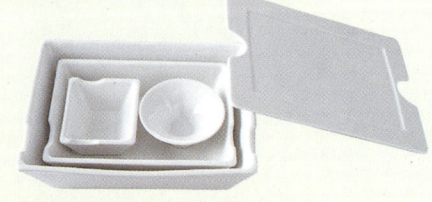

뚜껑을 열면 앞접시와 작은 술잔 등이 세트로 들어 있다.

집안에서
생활의 중심이 되어야 하는 공간은 역시
주방

Kitchen

가족의 생활 패턴을 고려할 때 역시
다이닝 키친

거실과 함께 하나의 커다란 방처럼 쓸 수 있는 디자인을 도입. 어떤 상황에든 대응할 수 있는 심플하고 시크한 공간이 완성되었다.

움직이기 편하고 작업 능률이 좋은 주방의 조건

싱크대, 레인지대, 냉장고 이 3가지의 위치가 주방의 효율성을 결정한다. 세 점을 연결했을 때 생기는 삼각형이 '워크 트라이앵클(work triangle)'. 그 세 변의 합계가 360~600cm이면 사용하기 편리한 주방이라고 할 수 있다.

조리대의 높이도 작업 효율을 좌우한다. 가장 보편적인 높이는 85cm. 곤도 씨의 신장에는 80cm가 적당하지만 남편과 다른 사람들의 신장을 고려해서 85cm를 검토한 끝에 굽 있는 실내화를 신는다는 점을 감안하여 대세를 따르기로 했다.

거실의 일부로 사용해도 좋을 만큼 세련된 주방을 지향

거실과 붙어 있는 다이닝 키친의 넓이도 거실과 같은 7.5평이다. 나무와 유리의 조합으로 통일감을 준 다이닝 키친은 생활의 냄새를 풍기지 않는 공간 조성을 지향한다. 업무적으로나 개인적으로나 사람들의 출입이 많은 공간이기 때문에 타인의 시선을 고려한 디자인이 될 수밖에 없었다. 이 공간을 만드는 데는 시스템 키친 제조사인 선웨이브에서 도움을 줬다. 곤도 씨가 지향하는 '실험 하우스'의 다양한 재료를 제공하고 함께 노력한 끝에 탄생한 공간이 바로 이곳이다. 일반적인 여닫이 찬장을 달지 않은 것, 그리고 타일 색상을 선택하거나 조리대의 소재를 선택하는 부분에서 곤도 씨의 톡톡 튀는 아이디어가 반영되었다는 점에서 다이닝 키친은 기능성과 디자인을 모두 중시했다. 가족 모임이나 홈 파티 등을 할 때 거실과 함께 한 공간으로 사용해도 좋다.

주방에서의 작업 능률을 높여 주는 아이디어가 곳곳에

효율적인 가사를 목표로 한 12가지 새로운 시도

주방 시스템에 의해 정말로 가사가 즐거워질 수 있는지 직접 확인해 보기 위해 다양한 주방 설비를 도입했다.
효율적으로 일할 수 있는 주방 시스템 조성의 노하우를 살펴보자.

노하우 2
프로용 스테인리스 싱크대를 놓아 여럿이 작업할 수 있는 공간으로

폭 115cm의 대형 싱크대. 둘이서 조리해도 전혀 불편하지 않다. 스테인리스 키친 '름(凜)'의 싱크대는 프로들을 위한 사양. 손질과 관리가 간단하다는 것도 장점이다.

깊이가 25cm나 되어 설거지를 하거나 요리 재료 등을 손질할 때 물이 튀지 않아 좋다.

노하우 1
죽은 공간이 되기 쉬운 찬장을 없애고 개방형으로

싱크대 위 찬장은 시스템 키친의 대표 품목이다. 하지만 평소 그 활용도에 의문을 품고 있던 곤도 씨. 평소에 잘 쓰지 않는 그릇을 넣어 두는 창고 역할을 하는 경우가 많다는 사실에 착안하여 과감하게 찬장 대신 선반을 달았다.

개방형 선반에 자주 쓰는 조미료와 보기 좋은 유리 용기를 올려놓았다. 조명 효과까지 더해져 분위기도 good.

노하우 4

눈을 어지럽히는 건조대와 행주는 개폐가 자유로운 스크린으로 감춘다

어수선해 보이는 식기 건조대와 행주. 특히 젖은 행주는 아무데나 걸어 놓으면 지저분해 보이기 때문에 신경을 써야 한다. 고민 해결을 위해 싱크대 옆에 등장한 것이 스크린. 통기성도 좋고 은폐성도 뛰어나다.

스크린 양끝에 패스너를 단 독특한 방식으로 수동으로 개폐한다. 때도 잘 벗겨진다.

앞으로 잡아당기면 부드럽게 밀려 나온다. 넣고 꺼내기 쉬워 작업에 능률이 오른다.

노하우 3
싱크대 길이에 맞춰 단 수건걸이로, 여러 사람이 주방에서 일할 때 유용하다

길이 146cm의 수건걸이는 좀 독특하다. 수건을 좌우로 스윽 이동시키면 여러 사람이 손을 닦을 수 있다. 수건 한 장으로 쟁탈전을 벌이지 않아도 되는 멋진 아이디어!

파이프를 필요한 길이로 자르고 양끝에 브래킷을 달아 독창적인 수건걸이를 만들었다.

스크린을 올리면 3단 식기 건조대가 보이고, 구석에는 행주 걸이와 세제, 브러시를 놓는 공간이 있다.

어떤 위치에서든 고정해 놓을 수 있어 편리하다!

고정하고 싶은 위치에서 손을 떼면 바로 멈춘다. 잘 늘어지지 않는 천을 사용해서 보기에도 산뜻하다.

만드는 방법
P.118

노하우 5

편리성을 시험해 보기 위해 인덕션 히터를 도입

'실험 하우스'에서의 첫 실험은 지금까지 한 번도 사용해 보지 않은 인덕션 히터의 과감한 도입이었다. 가스레인지와 비교할 수 있는 흥미로운 실험이 될 듯하다.

자력선으로 냄비나 주전자 자체를 발열시키기 때문에 열효율이 좋아 가열 시간을 줄일 수 있다. 가스레인지와 달리 삼발이가 없어 가열 면이 평평하기 때문에 청소하기도 편리하다.

노하우 6

더러운 것이 눈에 띄지 않도록 타일의 이음매를 회색으로

그린과 블랙이 주를 이루는 작은 크기의 타일. 일부러 주방에 잘 쓰이지 않는 타일을 선택한 것은 인테리어 효과와 관리상의 편의를 고려한 결과다.

타일이 작고 이음매도 많아 청소하기가 번거롭고 더러운 것이 눈에 잘 띄는 것을 막기 위해 이음매를 회색으로 선택했다. 결과는 대성공!

노하우 7

상하 2단 식기 세척ㆍ건조기를 설치, 상황에 맞게 활용하여 에너지를 절약

식기 세척ㆍ건조기가 편리하다는 것은 전에 살던 집에서 이미 체험했다. 지금은 주부들이 가장 갖고 싶어 하는 주방 기기 중 하나로, 보급률도 높아졌다. 이번에는 2단식 빌트인에도 전한다!

폭 45cm의 공간 절약형 설계. 끝까지 뺄 수 있는 풀 슬라이드 방식이라 작업하기 편리하다.

Point

효율적인 식기 세척기ㆍ건조기 사용법

한번 써 보면 중독되고 마는 식기 세척기와 건조기. 외출하기 전에 허둥지둥 아침 설거지를 마쳐야 하는 번거로움을 없애 주므로 바쁜 곤도 씨에게는 필수 아이템이다. 새 집에서는 2단식을 빌트인으로, 용도에 맞는 활용법을 검토해 보기로 했다.

노하우 8

쉽게 분리할 수 있는 슬라이드식 트레이, 상을 차릴 때 요긴하다

식기장 서랍에 설치한 서비스 트레이는 시스템 키친에 속하는 설비로, 매우 유용하다.

서랍을 열면 상단에 트레이가 설치되어 있다. 분리도 간단하다.

식기를 잠시 올려놓는 용도나 배선대로 사용할 수 있다. 그대로 식탁으로 가져갈 수도 있어 더욱 편리하다. 48×27cm의 적당한 크기.

노하우 9

주방에 음식물 쓰레기를 쌓아놓는 것이 싫어서 1층으로 통하는 쓰레기 투하 장치 설치

쓰레기 처리법으로 고안한 실험 항목 중 하나. 2층에서 1층까지 관을 통해 쓰레기가 떨어지는 구조다. 쓰레기가 생길 때마다 1층까지 버리러 갈 필요가 없어 시간도 절약되고 매우 편리하다.

뒤쪽은…

이 트레이 수납 공간의 뒤쪽에 비밀이 숨어 있다. 앞으로 돌리면 정체불명의 물체가 출현!

비닐봉지에 쓰레기를 넣고 단단히 묶은 다음 스테인리스 받침대 위에 올려놓으면…

쌓아놓지 말고 휙!

쿵!

쓰레기를 떨어뜨리는 2개의 관이 1층 차고와 연결되어 있다. 문을 열면 불연성ㆍ가연성 2개의 쓰레기통이 들어 있다.

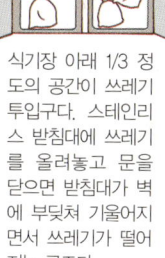

식기장 아래 1/3 정도의 공간이 쓰레기 투입구다. 스테인리스 받침대에 쓰레기를 올려놓고 문을 닫으면 받침대가 벽에 부딪쳐 기울어지면서 쓰레기가 떨어지는 구조다.

31

포켓과 수제 칸막이를 적재적소에 활용한다

서랍을 100% 활용하기 위해 탄생한 '도어 포켓'. 서랍의 앞 공간을 효과적으로 활용하기 위해 곤도 씨의 특기를 살려 일목요연하게 물건을 정리했다. 서랍과는 별도로 포켓 부분만 열 수 있는 구조이므로 자주 사용하는 것을 수납하는 것이 좋다.

물건은 사용하는 장소 근처에 수납한다. 포켓 수납에도 이 방법을 적용!

조리대 밑 서랍의 포켓에는 키가 큰 조미료를 세워서 수납

싱크대 밑의 서랍에는 냄비와 볼을 수납한다. 냄비(크리스텔) : 체리 테라스 · 다이칸야마

포켓

포켓에는 식칼과 냄비 뚜껑이 빈틈없이 들어차 있다. 긴 물건을 수납하기에 편리하다.

함께 사용하는 경우가 많은 프라이팬과 뚜껑은 가까운 곳에 수납해야 사용할 때 번거롭지 않다.

만드는 방법 P.118

냄비 뚜껑을 쌓을 때 유용한 비밀 병기. 아크릴 파이프를 잘라 뚜껑과 뚜껑 사이에 넣기만 하면 된다.

서랍에 죽은 공간이 없게 한다. 크기가 다른 접시나 조리 도구 등을 구분해서 수납한다.

포켓

자주 쓰는 조미료는 이 공간에 세워서 수납하면 꺼내고 넣을 때 편리하다.

관련된 것을 모두 서랍에 넣는다

가사 동선의 효율성을 고려하여 싱크대 오른쪽 아래 서랍에 쓰레기통을 배치했다. 채소 등을 손질할 때 나오는 쓰레기를 바로 버릴 수 있어 효율성이 높다.

포켓

포켓 부분에는 관련된 물건을 넣는다. 비닐봉지와 고무장갑을 넣어 두고 쓰레기를 낼 때 사용한다.

만드는 방법 P.118

싱크대에서 작업하면서 쓰레기를 버리는 곤도 씨. 그 편리함에 감탄하며 매일 만족하고 있다 한다.

노하우 11

식료품과 작은 도구 하나에도 자리를 정해 놓는다

주방 수납의 원칙은 '적재적소', 즉 물건을 최적의 지정석에 수납하는 것이다. 인덕션 히터 아랫부분은 습기가 적고 싱크대 아랫부분은 상대적으로 습기가 많다는 점을 고려하여 각각의 공간에 맞는 수납 용품을 정하는 것이 좋다.

칸막이를 자유롭게 이동시켜 크기에 맞게 빈틈없이 수납한다

크기도 제각각이고 갯수도 많은 젓가락이나 계량 스푼, 주방 가위 등은 칸막이를 사용하여 영역을 나눈다.

죽은 공간을 방치하지 말 것

오븐과 서랍 사이의 작은 공간은 자주 사용하는 트레이의 지정석으로 정해 두면 편리하다.

다른 서랍과 구분되어 있어 냄새가 배지 않는 '에어 스토커'

하단 서랍에는 뿌리채소류를 저장한다. 공기가 통하기 때문에 채소 보관에 안성맞춤이다.

시스템 키친에 지정석이 없었던 쌀통 등장

시스템 키친의 끝부분에 쌀통을 설치했다. 크기는 작아 보여도 10kg은 너끈히 들어간다.

NG!

Point

식료품을 싱크대 밑에 저장하는 것은 위생상 좋지 않다

습기가 많은 싱크대 밑에 조미료나 식품, 가전 제품 등을 보관하는 것은 NG. 눅눅해서 곰팡이가 잘 생기므로 바퀴벌레가 생기는 원인이 되기도 한다. 자주 사용하는 조리 도구 가운데 물로 씻을 수 있는 것을 수납하는 것이 좋다.

 노하우 12

식기장 안쪽까지 수납에 활용한다

65cm의 깊숙한 식기장 안쪽 구석에 물건을 넣으면 꺼내기가 쉽지 않다. 효율적으로 사용하지 않으면 식기장 안쪽이 자칫 죽은 공간이 될 수도 있다는 것. 작은 빈틈도 놓치지 않는 곤도 씨의 아이디어는 2단으로 나눠 사용하는 것이다.

포켓식 강철 선반으로 안쪽 공간을 남김없이 활용한다

'앞쪽에 있는 철 선반을 잡아당기면 안이 들여다보인다. 철로 된 선반에는 매일 사용하는 식기를, 안쪽에는 나머지 식기를 수납한다.

눈높이보다 높은 선반에 작은 그릇을 수납하는 것은 NG! 큰 접시나 대접은 OK!

안쪽 공간을 활용하기 위해 큰 접시와 대접을 수납한다. 만일의 경우에 대비하여 낙하 방지 스토퍼를 달았다.

매일 아침 사용하는 식기는 앞쪽 철 선반에. 자리를 정해 두면 곤도 씨가 집을 비울 때도 걱정 없다.

서랍 속은 수제 칸막이를 이용하여 세로로 정리한다

서랍 수납 아이디어. 두꺼운 종이를 키친타월로 감싼 다음 바닥에 깐다. 이렇게 하면 식기가 덜그럭거리지 않고, 깔개도 구겨지지 않는다.

서랍마다 동일한 방식으로 정리해 놓으면 보기도 좋고 사용하기도 편리하다.

33

4면을 활용하여 요리도 정리도 손쉽게 **아일랜드 카운터**

주방 중앙에 위치한 아일랜드 카운터로, 그 속에 많은 비밀을 간직하고 있다. 각각 다른 기능을 갖고 있는 4개의 면 덕분에 가사 동선을 최소화할 수 있다.

작업대와 수납 공간으로서의 역할을 겸하고 있어 주목성도 최고!!

탁월한 기능으로 가득한 주방의 슈퍼 스타. 일상생활에서 매우 유용하다

사람이 많이 모이는 홈 파티 등을 위해 아일랜드 카운터는 필수라고 단언한 곤도 씨.
주방가구 제조사와 함께 시행착오를 거듭한 끝에 탄생한 이 아일랜드 카운터의 특징은 수도와 가스, 전기 등의 배관이 설치되어 있음에도 불구하고 이동이 가능하다는 것이다. 거실과의 일체감을 고려할 때 가동성 여부는 중요한 포인트가 된다. 카운터 내부 역시 4개의 면이 각각 독립된 기능을 갖고 있다. 단 1면(④)에는 다이닝 테이블과 맞대기 위해 문이나 서랍을 달지 않았다. 나머지 3면은 수납 공간으로 활용도가 높다. 싱크대도 매우 실용적이라 가족들이 주방에서 일을 도와주는 횟수가 늘었다고 한다.

①

②

③

④

이동이 가능한 구조

밑에 수도와 가스, 전기 배관이 설치되어 있으므로 이동할 때는 먼저 그것을 분리해야 한다. 주방에 배관을 연결할 수 있는 곳이 한 군데 더 있다. 싱크대에 뚜껑을 덮어 전면을 테이블로 사용하는 경우에는 어디로든 이동이 가능하다.

4개의 바퀴가 약 500kg의 무게를 지탱하고 있다. 혼자 힘으로도 수월하게 옮길 수 있다.

★ 자세한 구조는 23쪽 참조

❶ 미니 싱크대와 작업대, 손님용 나이프·포크가 한자리에!

여러 사람이 주방에서 일할 때는 싱크대가 2개 있으면 편리하다. 한 변이 40cm인 정사각형으로, 깊이도 적당하여 실용적이다.

필요할 때만 나타나는 작업대. 슬라이드 레일로 되어 있어 부드럽게 꺼낼 수 있다.

작업대 밑에는 볼 등을 얹어 놓기 위한 받침까지 준비되어 있다.

이 작업대는 정말 편리해요!

아래쪽 빈 공간에 다리를 넣을 수 있어 앉아서 편하게 작업할 수 있다.

만드는 방법 P.118

거실 쪽에서 보이는 면에는 3개의 서랍에 손님용 물건을 담았다. 나이프와 포크 등을 손님이 직접 꺼내게 한다.

❷ 조리에 필요한 가전이나 도마, 행주 등 요리할 때 자주 쓰는 것을

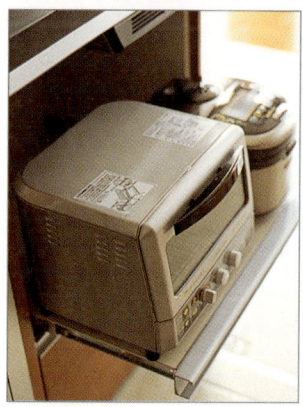

전기 밥솥과 토스터는 슬라이드 선반에. 다이닝 테이블에서도 손이 닿는 위치에 있다.

위로 올리면 도마와 행주의 지정석이 나타난다. 루버가 설치되어 있어 젖은 상태로 넣어도 문제없다.

하단 서랍에는 주방에서 사용하는 행주를 수납한다. 세로로 접어 넣었기 때문에 깔끔해 보인다.

❸ 직접 만든 선반에 청소 도구를 수납

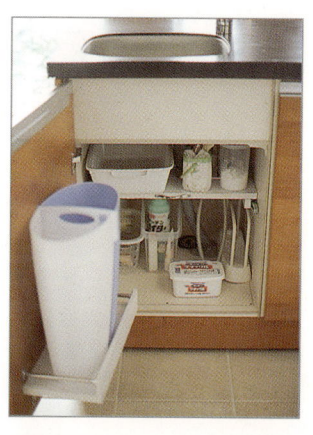

직접 만든 선반에는 세제와 중조(탄산수소나트륨) 등의 청소 용품을 수납했다. 문 뒤에는 쓰레기통을 배치.

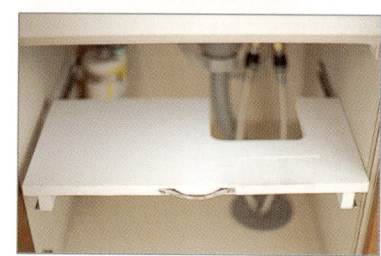

배수관을 피하는 형태로 만든 컬러보드가 슬라이드 방식으로 나오는 구조다.

만드는 방법 P.119

주방 사양의 청소 도구함. 걸레, 스펀지, 나무 꼬챙이 등을 세트로 담았다.

싱크대 오른쪽 밑에는 런천 매트를. 천으로 된 것은 꺼내기 쉽게 슬라이드 행어에 건다.

L자 형의 넉넉한 수납 공간에 대형 조리 도구를
코너 캐비닛

냉장고를 사이에 두고 3개의 수납장을 L자형으로 배치했다.
천장까지 활용한 대용량이라서 지정석을 만들기 어려운 대형 조리 도구도 무
리 없이 수납할 수 있다.

키 큰 수납장이 3개.
거실 입구에서 바라보이는 주방을 가리는 역할도 한다

이 공간을 설계할 때 가장 신경을 쓴 것은 냉장고 오른쪽에 코너 캐비닛(②)을 넣어야
한다는 것이었다. 곤도 씨가 선웨이브의 전시장에서 보고 첫눈에 반했다는 것. 이것
을 중심으로 좌우에 수납장을 한 개씩 연결했다. L자형 구조가 되면서 거실 입구에서
바라보았을 때 주방에 약간의 사각 지대를 만드는 효과도 있다.

❶ 손님 스스로 꺼내는 글래스류

정확히 거실과의 경계선상에 위치하
므로 여기에 들어 있는 글래스는 모
두 손님이 직접 꺼낼 수 있다.

유리문 아래 서랍에는 찻잔을 수납.
종류가 다양해서 손님 스스로 고르
는 재미를 맛볼 수 있다.

❷ 코너 캐비닛에는 계절별 아이템을

넓은 공간에는 빙수기나 뚝배기 같은 계절별 아이템을
수납한다.

안쪽이 깊은 코너 캐비닛. 문을 열면
열 감지 센서에 의해 불이 켜진다.

2단 서랍을 꺼내어 아래쪽 서랍을
열면 계단 모양이 된다. 사람이 올라
가면 바퀴가 고정되는 발판.

❸ 조미료와 커피, 차 세트를 한 공간에

원하는 위치에 고정할 수 있
는 스크린을 달아 내용물을
가린다. 싱크대 부분에서 설
명한 바로 그 아이템.

에어컨 등의 조작 패널을 측
면에 집중시켰다.

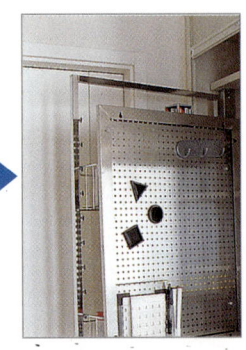

안쪽 길이가 긴 점을 효과적
으로 이용하기 위해 포켓식
강철 선반을 달아 앞뒤로 사
용한다.

선반 뒤쪽에 강철 보드를 달
아 자석 메모판으로 이용.

가운데 단은 커피 코너. 에스
프레소 머신도 들어 있다.

설탕이나 크림을 넣을 때 유
용한 슬라이드 받침대.

원래는 쓰레기통을 놓는 공간
이었으나 맥주 저장고로 변신
상자가 3개나 들어간다.

주방을 지저분하게 하는 잡동사니를 한번에

저장실

물건이 넘쳐나는 주방에 식료품을 저장하는 수납 공간이 있다면?
아마 모든 주부들의 희망 사항일 것이다. 가사 동선을 고려하여
LDK를 통하지 않고 직접 출입할 수 있도록 배치했다.

정리정돈이 쉽게 주방의 연장선상에 위치.
집안일이 편해지면 마음도 여유로워진다

주방과 하나의 미닫이문을 사이에 두고 있는 약 0.75평의 공간(28쪽의 배치도 참조).
이곳은 세탁실과 연결되어 있으며, 식료품과 일용품 등을 저장하고 접대용 식기
등을 수납하는 공간이다. 남편의 손님이 찾아왔을 때 주방에서 거실을 가로지르지
않고 이곳을 통해 집안일을 할 수 있다는 것도 장점이다.

저장실 안에서 주방 쪽을 바라본 모습. 미닫이문이라 열어 놓으면 하나의 공간
처럼 보인다.

정면의 수납장은 제조사에서 독자 개발한 상
품으로, 이름은 'Sliding Closet'. 슬라
이드 문이라 공간을 차지하지 않는다.

주방에서 저장실 쪽을 바라본 모습. 정면에
수납장이 있고 그 오른쪽에 엘리베이터가
있다.

수제 선반을 이렇게 추가하면 평평한 식기를 많이 수납
할 수 있다.

만드는 방법 P.116

선반을 직접 만들어 벽에 설치했다.
서류 케이스를 옆으로 뉘어 부착한
다음 영수증 등을 보관한다.

벽에 와이어 랙을 설치하고 손님이
많을 때는 활용도가 높은 종이컵 등
을 수납한다.

만드는 방법 P.116

서랍은 집안 행사 등이 있을 때 사용하는
아끼는 그릇을 수납하는 공간으로 쓴다.

뿌리채소는 주방의 서랍이 지정석이
지만 길이가 길거나 쓰고 남은 것은
이 바구니에 수납한다.

바닥용 걸레는 바닥 가까이에 둔다.
선반 밑에 수건걸이를 달아 걸어 두
면 편리하다.

건조 식품은 뚜껑이 달린 투명한
1,000원짜리 상자에 넣는다. 미관을
고려하여 같은 모양으로 구입한다.

동선을 배려한 주방
요리에서 뒷정리까지 모든 작업이 측면 이동만으로 OK!

주방에 이처럼 많은 노하우가 도입된 것은 모두 가사 동선을 원활하게 하기 위함이다. 곤도 씨가 아침 식사를 준비하는 모습을 보며 놀란 점은 이동 거리가 짧다는 것! 이제부터 작업 과정을 따라가며 번뜩이는 아이디어들을 하나하나 살펴보자.

사전 준비 몸을 돌린다

아침식사 준비도 기분 좋게 ♪

싱크대에서 재료를 준비하면서 빵을 굽는다. 바로 뒤의 아일랜드 카운터 안에 토스터가 들어 있기 때문에 구워진 정도를 쉽게 확인할 수 있다.

싱크대 밑에 쓰레기통이 있어서 음식물 쓰레기를 바로바로 버릴 수 있다.

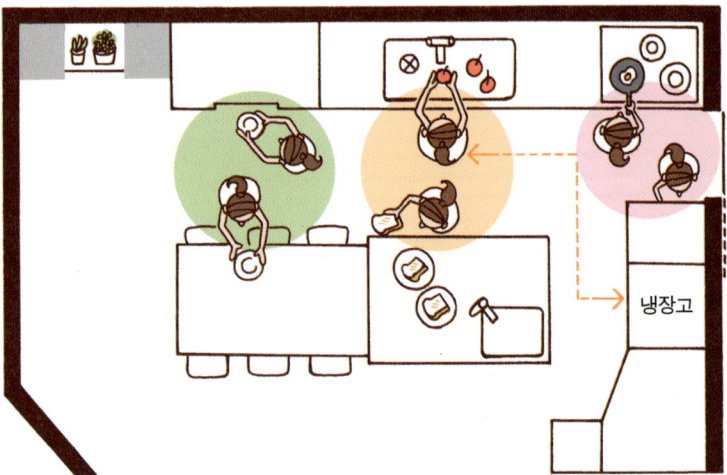

냉장고

조리 몸을 돌린다

소금이나 후추 같은 기본 조미료는 인덕션 히터와 마주보고 있는 수납장에 보관. 조리하는 손을 멈추지 않은 상태에서 조미료를 꺼내 쓴 다음 바로 제자리에 놓을 수 있다.

테이블 세팅 몸을 돌린다

식기장과 식탁 사이의 간격은 80cm 정도. 쟁반을 꺼내서 나를 필요 없이 식기를 꺼내서 바로 옆에 있는 식탁에 놓으면 된다.

음식물 쓰레기를 정리해서 쓰레기 투하 장치에 올려놓으면 끝!

냉장고를 연 것은 딱 두 번

식사 준비를 하면서 곤도 씨가 냉장고를 연 것은 딱 두 번이다. 처음에 필요한 재료를 모두 꺼내 트레이에 담고 조리가 끝난 뒤에 남은 것을 집어넣은 것이 전부다.

몇 발짝 움직이는 것만으로 세탁에서 다림질까지 한 번에
매일 하는 집안일이 즐거워진다
세탁실

Washing Room

세탁에서 다림질까지 모든 일이 한번에 마무리된다

매일의 세탁 과정 둘러보기

새 집에 살기 시작하면서 "무엇보다 세탁하기가 편해졌어요!"라고 말하는 곤도 씨.
어떤 점에서 어떻게 편리하다는 것인지 세탁실에서의 전 과정을 들여다보자.

빨고 말리고 개는 3개의 구역으로 나뉘어져 있으며, 각각의 구역으로 이동할 때는
몇 걸음만 옮기면 된다. 세제 위치 하나에도 신경을 쓴, 작업 과정에 따른 적재적소
의 수납도 완벽하다.

빨기

세탁실 앞 수납장에 세탁물 투하 장치
를 설치. 빨랫감을 수거하기 위해 더
이상 계단을 오르내릴 필요가 없다.

3층 욕실에서 떨어진 세탁물이 든
바구니를 들고 몸을 돌려 세탁기 앞
으로 간다.

빨랫감을 하나씩 집어 주머니를 점
검하고 올 풀린 곳이 없는지를 확인
하면서 세탁기에 넣는다.

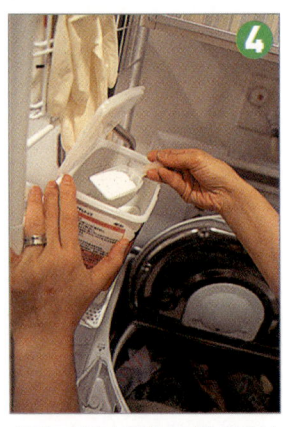

세제는 세탁기 옆에 설치한 랙에 보
관. 사용하기 편리한 위치라서 세제
를 풀 때 가루가 날리지 않는다.

세제를 넣은 뒤에 세탁기의 동작 버
튼을 누른다. 그리곤 잠시 커피 타임
을 갖는다.

이동해야 하는 번거로움 없이 한 공간에서 모든 과정 완료!
매일 하는 빨래가 즐거워졌다

효율적인 가사 동선을 짜는 데 있어서 가장 중요한 것은 '쓸데없는 움직임을 최소화하는 것'이다. 빨고 말리고 개는 3가지 단계를 한 공간에서 해결해 보자는 발상에 의해 탄생한 것이 바로 이 세탁실이다. 곤도 씨처럼 일 때문에 귀가 시간이 불규칙한 '실내 건조파'에게는 그야말로 꿈의 공간이라 할 수 있다.
실제로 그 과정을 따라가 보니 여기저기에 깜짝 놀랄 만한 장치가 숨어 있었다. 곤도 씨도 생각했던 것보다 훨씬 세탁이 쉬워졌다고 한다. 그녀의 리드미컬한 콧노래가 들려오는 듯하다.

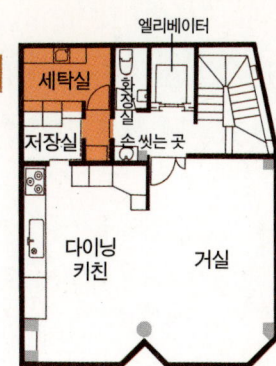

개기

걷은 세탁물을 그대로 작업대 위에 얹은 다음 수납 장소별로 분류한다.

세탁물 투하 장치가 있는 수납장에서 접이식 바구니를 꺼내 작업대 옆에 편다.

말리기

세탁기 위의 여닫이를 열고 크고 작은 통을 꺼내 세탁이 끝난 세탁물을 옮긴다.

싱크대 왼쪽에 접혀 있는 천판을 세운 뒤 싱크대 위에 얹어 작업대를 만든다.

⑩에서 분류한 수납 장소별로 차례차례 갠다. 작업대가 넓어서 셔츠 등도 편하게 갤 수 있다.

다 갰으면 분류하여 바구니에 넣는다. 하나는 곤도 씨와 남편용, 다른 하나는 시어머니용.

작업대에서 다림질을 한다. 말리기 전에 미리 주름을 펴서 겹쳐 놓으면 옷 모양이 훨씬 살아난다.

철사 옷걸이와 사각 행어에 세탁물을 넌다. 다 널었으면 창문을 열어 통풍이 잘되게 한다.

모두 바구니에 넣으면 세탁 완료! 남은 것은 바구니별로 각 방으로 옮기면 된다.

집안일이 즐거워지는 아이디어가 가득!
세탁실 꼼꼼히 들여다보기

세탁실은 효율적인 가사 동선을 추구하는 아이디어가 가득한 공간.
세탁의 전 과정이 한 공간에서 진행될 수 있도록 고안된
여러 가지 장치들.

실제 생활을 이미지화하여 편안하면서도
효율적인 작업이 될 수 있도록 배치

가사 동선을 줄이기 위한 절대 조건 중 하나는 '세탁실과 주방이 가까워야 한다는 것' 이
었다. 그와 함께 주방 냄새가 세탁물에 스며들지 않도록 하기 위해 문을 달아 독립된 방
을 만들었다. 이것이 바로 세탁실이다.
또 제한된 공간을 효율적으로 이용하는 것도 중요했다. 탈부착식 빨래 건조대, 접이식 작
업대, 3층에서 세탁물이 떨어지는 세탁물 투하 장치 등등 기발한 아이디어가 가득하다.

톱라이트에서 빛이 뿜어져 나오는 밝고 상쾌한 분위기. 창문 2개와 천장에
있는 창을 열면 바람이 들어와 옥외에서 말리는 것과 같은 조건이 된다.

작업대도 설치할 수 있는 작고 편리한 싱크대

벽면의 튀어나온 부분에 맞춰 선택한 INAX의 싱크대.
안쪽 길이가 37cm밖에 안 되는 작은 크기지만 매우 편리하다. 경첩으로 고정한 천판을 얹으면 길다란 작업대로 변신!

아파트용 작은 세면대를 설치. 양쪽의 수납 공간과 잘 어울린다.

세워서 얹으면 끝!
작업 공간을 넓히고 싶을 때는 왼쪽 옆에 접혀 있는 천판을 세워서 싱크대 위에 얹는다.

길이 165cm의 넓은 작업대가 되었다. 세탁물을 개는 데도 충분한 넓이.

안쪽 길이 37cm 싱크대, 이렇게 편리하다

더러운 운동화를 쓱쓱 빨 수 있다

운동화를 빨 때는 바닥에 때가
많이 떨어져 뒷정리하는 시간이 길어진다. 이 싱크대는
깊이가 20cm 정도밖에 되지 않아 청소하기가 쉽다.

얼룩 제거 등의 작업을 할 때 편리하다

작업대를 펼치지 않아도 옆에
있는 작업대에서 얼룩 정도는 제거할 수 있다. 전면에
는 얼룩 제거에 필요한 물품이 정리되어 있다.

표준 크기의 통이 쏙 들어간다

싱크대의 합격 기준은 표준
크기의 통을 넣을 수 있어야 한다는 것. 이 싱크대는 작
지만 실용성을 겸비했다. 꽃에 물을 줄 때도 여기서.

사용할 때만 튀어나오는 다리미판

짠~

수납장 문을 옆으로 열면 다리미판 같은 것이 보인다. 다리미와 분무기 등의 관련 물품도 함께 들어 있다.

'세탁실에서 다림질까지 끝내고 싶지만 다리미판은 부피가 커서 놓을 곳도 마땅치 않고…' 이런 고민을 단번에 해결해 준 아이디어. 평소에는 수납장 안쪽에 접힌 상태로 대기하고 있기 때문에 공간이 절약된다.

택! 택! 두 번 만에 다리미판 준비 완료. 상품화를 목표로 수납 가구 제조사인 마노네에서 만든 것이다.

▶ 판이 크기 때문에 셔츠처럼 큰 세탁물도 신속하게 능률적으로 다릴 수 있다.

번거로운 다림질도 손쉽게

먼저 싱크대 밑에 넣어 둔 바퀴 달린 웨건을 꺼낸다. 이것은 다리미를 올려 놓는 받침대로, 곤도 씨가 직접 만든 것이다.

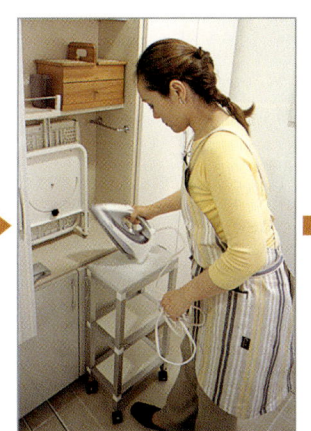

수납장을 열고 다리미를 꺼낸 뒤 웨건 위에 올려놓고 전원을 켠다.

세로로 접혀 있는 다리미판을 앞으로 편다. 한 손으로도 쉽게 할 수 있다.

▶ 쫙 펼치면 전체적인 모습이 드러 난다. 크기는 95×30cm.

43

사용할 때만 설치하는 실내 건조대

제한된 공간에 설치된 빨래걸이용 긴 막대는 미관상 보기 좋지 않다. '사용하지 않을 때는 간단히 떼어낼 수 있도록 탈부착이 가능한 시스템은 없을까?' 를 고민하다 발견한 것이 바로 이것!

빨래 건조봉을 지지해 줄 금속 폴. 폴을 꽂아 넣는 헤드와 세트다. 호스크린 SPA형(표준 크기) 48~64cm ¥5,040(1조) : 가와구치기연

탈부착이 가능한 폴은 싱크대 밑 오른쪽이 지정 수납 공간이다. 안쪽에 후크를 달고 1개씩 걸어 놓는다.

천장에 미리 설치해 둔 헤드에 폴 끝을 끼워 넣고 돌린다. 헤드는 부속 나사를 이용하여 설치한다.

욕실용 건조 시스템을 도입

평소에는 자연풍을 이용하지만 비 오는 날이나 장마에 대비하여 도입한 욕실용 건조기. 욕실 특유의 눅눅한 느낌을 완화하기 위해 온풍을 순환시키고 환기까지 해 주는 기능이 있는 것을 선택하여 의류 건조기보다 건조 속도가 빠르다.

폴 2개를 다 설치했으면 빨래 건조봉을 든다.

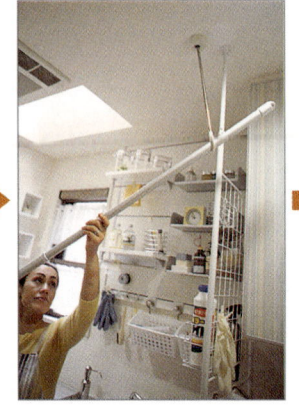

링 부분에 빨래 건조봉을 한 쪽씩 통과시킨다.

설치 완료!

순식간에 빨래를 말릴 수 있는 공간이 탄생했다! 내하중 8kg로 젖은 티셔츠를 30장 정도 말릴 수 있으며, 길이도 3단계로 조절할 수 있다. 세탁물이 많을 때는 1개 더 설치한다.

3층 욕실과 바로 연결된 세탁물 투하 장치

욕실과 세탁실을 서로 다른 층에 배치하기로 결정했을 때 떠오른 것이 '세탁물 투하 장치' 를 설치하자는 아이디어였다. 번거롭게 '세탁물을 가지러 올라갈 필요 없이 바닥에 구멍을 뚫어 떨어뜨리면 어떨까?' 하는 재미있는 발상이 실현되었다.

오랫동안 집을 비울 때는…

자, 이제 세탁을 시작합니다!

세탁할 때는 여기서 바구니를 꺼내 세탁기가 있는 곳으로 이동한다. 꺼내기 쉬운 높이로 설치했다.

◀ 세탁실 앞의 수납장에 바구니를 설치하여 욕실에서 떨어지는 세탁물을 받는다. 구멍과 바구니는 2개씩 흰 옷과 색깔 옷을 구분해서 던진다.

◀ 시험 삼아 수건을 떨어뜨려 보니 1초도 안 돼서 바구니에 쏙!

출장으로 집을 비우는 일이 잦은 곤도 씨. 피곤한 몸을 이끌고 귀가했는데 빨랫감이 여기저기 널려 있다면? 여기서 또 아이디어가 떠올랐다. 바구니가 가득 차면 가족의 손을 빌려 그 위에 선반을 끼우고 새로운 바구니를 설치하는 것이다.

움직이는 칸막이 수납장

세탁실 최고의 비밀은 바로 다리미판과 일용품이 들어 있는 수납장 전체가 움직인다는 것이다. 수납장의 반대편은 저장실. 수납장을 이동시킴으로써 그 크기를 간단히 바꿀 수 있는 구조로 되어 있다. 움직임이 매우 부드러워 쉽게 배치를 바꿀 수 있다. 세탁물이 많을 때나 반대로 저장실에 큰 짐을 놓을 때 요긴한 장치.

바닥에 설치된 레일 위로 바퀴가 굴러가는 시스템. 내용물이 없는 상태에서도 꽤 무게가 나가기 때문에 제작을 담당한 덴와공업소에서도 고심을 거듭했다고 한다.

이렇게 많이 널 수 있어요!

세탁물이 많을 때는 수납장을 저장실 쪽으로 밀어 건조 공간을 늘린다. 시트 등의 큰 세탁물도 얼마든지 널 수 있다.

덮개를 열고 바퀴의 스토퍼를 벗기면 힘들이지 않고 한 손으로도 이동시킬 수 있다. 진동도 없고 소리도 나지 않고 말 그대로 부드럽게 움직인다.

이동할 때 외에는 레일 위에 덮개를 덮어 둔다. 바닥재와 동일한 세라믹 타일로 되어 있어 감쪽같다.

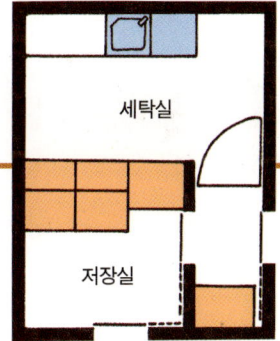

FOCUS 움직이는 칸막이를 배치하는 3가지 방법

저장실을 넓게

세탁실 쪽의 싱크대에 바짝 붙이면 이렇게 된다.

평상시

수납장을 가운데에 고정한 상태. 세탁실의 폭은 130cm.

세탁실을 넓게

저장실 쪽으로 움직여 폭 175cm의 작업 공간을 확보.

하나의 공간이 칸막이의 위치를 이동시킴에 따라 변화하는 시스템. 등을 맞대고 있는 수납장은 각각 수납 공간으로 사용할 수 있도록 되어 있다.

세탁실을 보다 편리하게
가사 효율성을 높여 주는
수납 & DIY

입주 후 아이디어를 더해 보다 편리하고 효율성이 높은 공간으로

가사의 효율성을 높이기 위해 고안된 다양한 설비는 어디까지나 기초에 불과했다. 각자의 라이프 스타일에 맞춰 생활 속에서 그것을 어떻게 활용해 나갈 것인가가 중요한 포인트!!
입주 후 곤도 씨가 실력을 발휘했다. 넣고 꺼내기 쉬운 적재적소의 수납 기술과 기능을 추가하여 직접 제작한 소품 등 기발한 아이디어가 집안 곳곳에 숨어 있다.

세제는 1천 원짜리 바구니에 정리정돈

세탁과 건조 기능이 하나된 히다치의 '비트워시' 선택. 위쪽의 빈 공간에는 수납장을 설치했다.

만드는 방법 P.116

만드는 방법 P.119

움직이는 칸막이가 수납장에 일용품을 수납. 1천 원짜리 바구니를 여러 개 준비하여 종류별로 정리해 두면 깔끔하다.

빨래집게가 잘 엉키는 네모난 행어는 아크릴판으로 칸막이를 만들어 1개씩 세워서 수납. 칸막이를 뺄 수 있어 청소할 때도 편리하다.

철사 옷걸이는 나중에 선반 안에 설치한 파이프에. 세탁물이 흘러내리는 것을 방지하기 위해 바구니에 가는 호스를 넣어 일괄 수납했다.

싱크대 정면에는 원하는 위치에 선반과 후크를 달 수 있는 레일 달린 패널을 설치했다. 그리고 하단에는 자주 쓰는 물품을, 위에는 장식 소품을 놓았다.

지저분해 보이는 청소 도구는 정해진 위치에

만드는 방법 P.119

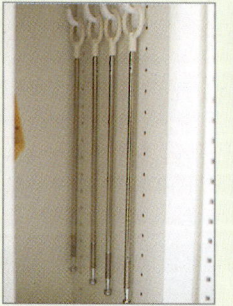

걸레는 슬라이드 행어에. 문에 통기 구멍이 있어 젖은 상태로 말려도 문제없다.

후크 2개를 이용한 절묘한 수납 기술 발견! 빨래판이 이런 곳에 있다니….

빨래판 맞은편에는 건조용 금속 폴을 달았다. 점착 후크에 1개씩 걸어 놓는다.

여기에도 청소 도구를 수납. 쉽게 꺼낼 수 있도록 물이 빠지는 받침대가 부착된 바구니에 넣어 둔다.

◀ '청소 도구는 사용할 장소에서 가까운 곳에' 두는 것이 기본이다. 세탁실에서 필요한 청소 도구가 한 공간에 있다.

쉽게 꺼낼 수 있는 세탁 가방

만드는 방법
P.119

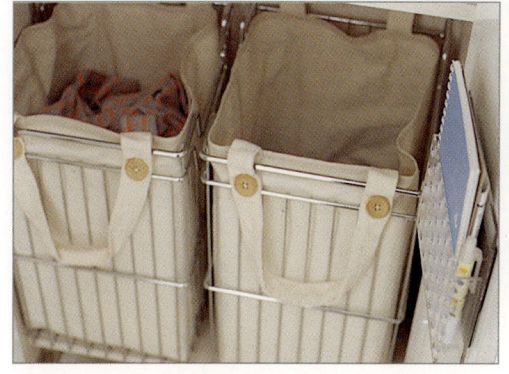

철제 바구니에 직접 만든 토트백을 씌웠다. 세탁소에 갈 때는 가방을 꺼내서 그대로 들고 가면 된다.

3.
GO!

1.
2.

노출된 배수관에 설치한 '가리개 문' 새로운 수납 공간을 만드는 기술

싱크대 밑에 직접 만든 문을 설치하여 노출되어 있는 파이프를 가린다. 보기에도 깔끔하고 새로운 수납 공간이 탄생하는 효과도 볼 수 있다.

수납이 곤란한 긴 물건은 후크로 세워 고정

만드는 방법
P.115

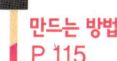
딱 맞는다!

'가리개 문' 앞에 있는 쓰레기통은 싱크대 면에서 돌출되지 않도록 타원형을 선택했다.

플라스틱 제품으로, 나사로 고정하는 단순한 구조. 크기는 2종류. 파이프 홀더 2개 세트에 ￥504 : 도큐핸즈 이케부쿠로점

건조봉을 고정하기 위해 곤도 씨가 점찍은 후크. 긴 물건을 세워 놓을 때 유용하다.

47

기본을 지키면 집안일이 즐겁다
청소의 달인은 도구를 가까이 둔다

가까이 있으면 생각날 때마다 수시로 사용할 수 있다.
준비가 잘되어 있으면 청소가 즐겁다

"태어날 때부터 청소를 좋아하는 사람은 없을 거예요. 청소가 즐거워지도록 머리를 써야죠." 늘 집안이 깨끗하게 정돈되어 있고 청소하는 속도가 빨라서 '깔끔이' 라고 생각했던 곤도 씨의 말이다. 말인즉슨, 즐겁게 청소할 수 있는 방법을 평소에 궁리하고 있는지의 여부가 중요하다는 것이다. 편리한 청소 도구를 직접 만들고, 도구를 정해 둔 위치에 놓아두고 그것을 늘 확인하는 등 곤도 씨는 청소를 할 때도 매우 적극적이다. 대화를 나누면서, 전화를 하면서 손을 부지런히 움직이고 있는 곤도 씨를 자주 보게 된다. 곤도 씨의 지론은 청소는 일부러 시간을 내서 하기보다는 생각날 때마다 조금씩 하는 것이 좋다는 것이다.

매일 아침 외출할 때의 곤도 씨의 모습. 가오의 '쿠클리 와이퍼'를 밀면서 현관까지 내려간 다음 정해 둔 위치에 놓고 집을 나선다. 그리고 집에 돌아와서는 다시 침실까지 밀대를 밀면서 올라간다.

곤도 씨만의 수제 청소 도구는 새 집에서도 필수

손길이 미치지 않는 높은 곳일수록 이 효자손 행어가 위력을 발휘한다. 각도를 자유자재로 조절할 수 있어 가구 뒤쪽이나 틈새 청소를 할 때 매우 유용하다.

곤도풍 수제 청소 도구. 정전기로 먼지와 쓰레기를 재빨리 캐치한다.

■ 만드는 방법 P.119

매우 유용한 청소 구급함

언제 어디서든 신속히 꺼내 쓸 수 있는 청소 도구 세트 7가지 도구가 한 세트다. 테이프와 칫솔 색깔에 변화를 주어 직접 만들었다.

■ 만드는 방법 P.119

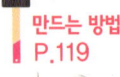

지하 1층부터 4층까지 각 층에 지정석을 정해 두었다

청소는 매일 하는 일이므로 수시로 사용할 수 있도록 수납에 주의를 기울인다. 사용 빈도가 높은 대걸레는 각 층에 지정석을 만들어 대기시킨다.

■ 만드는 방법 P.117

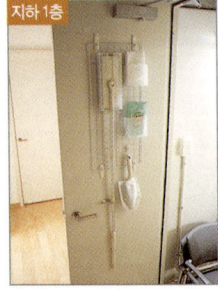
지하 1층
여기는 작업실이 있는 지하 1층의 계단 아래로, 주로 조수들이 사용한다.

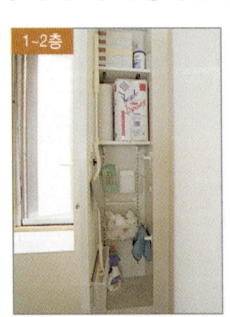
1~2층
곤도 씨가 외출할 때 쓰는 대걸레를 두는 장소다. 1층과 2층의 계단 사이.

2층
여러 가지 청소 도구를 넣어 둔 메인 수납장. 대걸레를 비롯하여 청소기가 비치되어 있다.

3층
3층은 시어머니의 방 옆에 있는 수납장의 문 안쪽에. 누구나 사용할 수 있도록 깔끔하게 정리해 놓았다.

4층
드레스 룸 입구에 있는 이 대걸레를 이용하여 매일 아침 청소를 하면서 현관까지 이동한다.

떼어낼 때는…

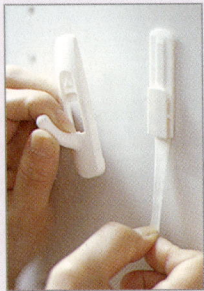

후크를 분해한 다음 부착한 면을 따라 점착 탭을 잡아당기면 깨끗이 뗄 수 있다.

This is Convenient!

떼어낸 흔적이 남지 않는 후크. 울퉁불퉁하지 않은 평평한 면이면 어디든지 붙일 수 있다. 커맨드 후크 (M) 오픈 가격 / 스미토모3M

관리상의 편의를 생각하여
손질하기 쉬운 것을 선택

처음이 중요하다! 신중히 선택할 것

'짧은 시간에 손쉽게 관리할 수 있는가?'의 여부는 집을 깨끗이 유지하고 관리하는 데 있어 가장 중요한 조건이다. 관리가 어려우면 아무리 멋지고 깨끗한 집이라도 더러워지는 것은 시간 문제. 충분한 시간과 노력을 들여 납득할 수 있는 것을 선택하는 자세가 중요하다.

더러워진 부분이 눈에 띄거나 얼룩이 져도 걱정할 필요가 없다. 이 니혼 헌터 더글러스의 블라인드는 날개를 한 장씩 분리할 수 있어 손질이 간편하다. 물 세척도 가능한 유용한 상품.

흠집이 나지 않는 문

'앗, 어떡해!'

'사라졌다!'

새 집의 문에 사용된 소재는 특수 강화 코팅 처리된 것으로 흠집이 잘 나지 않는 '마레스'. 창호와 문을 담당한 아이카 공업의 제품이다. 유성펜 자국도 한번 슥 문지르면 사라지고, 고양이의 발톱 자국이 나도 걱정할 필요가 없는 탁월한 소재.

한 장씩 떼어낼 수 있어 청소가 간편하다

길긴 하지만 한 장씩 날개를 분리할 수 있어 편하다. 날개의 상부에 있는 금구로 간단히 떼고 붙일 수 있다.

변좌가 통째로 올라가는 변기

이런 변좌가 필요했어요.

▶ 실내용 칠벽의 재료로 쓴 것은 아이카공업의 '실키 팔레트'. 규조토보다 손질이 간편하고 촉감이 부드러워 완성도가 높다. 유해 물질을 쓰지 않은 친환경 도장재. 때가 잘 타지 않는다는 것도 장점이다. 더러워진 부분은 걸레를 꽉 짜서 슥 닦아 내면 OK

◀ '지금까지 고생한 건 뭐지?!' 라는 푸념이 나올 정도로 멋진 변기가 등장했다. 변좌 전체가 올라가기 때문에 쉽게 때가 타는데도 청소하기 어려웠던 틈새까지 깨끗하게 청소할 수 있다.

걸레로 때를 닦아 낼 수 있는 칠벽

아직 끝나지 않았다
집안일의 능률을 높여 주는 아이디어 모음

집안일의 능률을 높여 주는, 집안 곳곳에 숨어 있는 다양한 장치와 깜짝 아이디어

곤도 씨는 일상 속에서 무심코 떠오르는 발상을 실제로 시험해 보는 것을 원칙으로 삼고 있다. 그리고 그 결과는 '효율성'으로 나타난다. 정말로 작은 아이디어에서 여러 가지 기법과 노하우가 탄생한다고 한다. 직접 발견하고 실천해 본 것이기 때문에 믿을 만하다. 하루하루 새로운 아이디어를 개발하며 즐겁게 살 것인가, 타성에 젖어 지루한 일상을 되풀이할 것인가? 곤도 씨는 끊임없이 새로운 아이디어를 찾아내는 사람이다.

실내에서 꺼낼 수 있는 신문함

포스트에 들어 있는 신문을 현관 안쪽에서 꺼낼 수 있다. 비 오는 날에도 안심. 파자마 차림으로도 OK. 시어머니에게 부탁할 수도 있는 여러 모로 장점이 많은 신문함.

차고 문 옆에 가방 걸이용 후크

무거운 짐을 들고 귀가했는데 문이 잘 열리지 않는다. 그렇다고 식료품이 들어 있는 비닐봉지를 바닥에 내려놓기는 찜찜하고, 이런 경우를 대비해 문 옆에 후크를 달았다.

넣고 꺼내기 쉽게 이불을 세로로

이불은 꼭 가로로 눕혀 놓아야 한다는 상식을 깨고 세로로 이불을 수납하는 새로운 방식을 도입했다. 습기도 차지 않고 필요한 것을 쉽게 꺼낼 수 있다. 침구 케이스 : 도큐백화점 통신판매 사업부

이동하지 않고 꺼낼 수 있는 양쪽이 오픈된 수납 공간

3층의 다다미방과 게스트 룸은 모두 손님이 묵을 수 있는 방이다. 그 사이에 수납 공간을 만들어 양쪽에서 이불을 꺼낼 수 있게 했다. 통기성도 확보할 수 있다.

그 자리에서 묶을 수 있는 신문 보관 세트

신문 보관함과 바구니 모두 1천 원 숍에서 구입했다. 원래는 별도의 제품이지만 위아래로 결합하여 기능을 높였다. 필요한 것을 한 세트로 보관하면 편리하다.

귀가하자마자 손질할 수 있는 신발 관리 세트

신발 관리용 도구는 현관 서랍에 수납해 두면 귀가와 동시에 꺼내서 먼지나 얼룩을 재빨리 손질하기 편하다. 신발을 벗는 자리에 수납해 두면 그 자리에서 바로 손질할 수 있다.

필요한 것은 가까이 계단 옆의 니치 수납

니치(niche) : 장식을 위해 벽면을 오목하게 파서 만든 공간에 장식하는 꽃병, 액자, 오브제 등이 계단 수납장 안에 들어 있다. 바로 옆에 대체할 수 있는 용품이 있으면 쉽게 바꿔 넣을 수 있다.

곤도 노리코가 선택한
예쁘고 오래 가는 물품들

집안일의 효율성을 높이기 위해서는 물건을 선택하는 안목도 중요하다. 더러워지면 물로 씻어 낼 수 있는 것, 한 가지 아이템으로 여러 가지 작업을 할 수 있는 것 등이 필요하다.

더러워지면 한 장씩 떼어 세척할 수 있다는 점이 마음에 들어 선택한 거실의 버티컬 블라인드. 심을 빼면 욕조에 담가서 빨 수도 있다. 셀렉트 버티컬즈 : 일본 헌터 더글러스

손님용 신발 트레이는 슬라이드 식으로 한 개씩 꺼낼 수 있는 구조. 진흙이 묻더라도 안쪽 철망을 꺼내서 씻어 내면 된다. 마노네의 시작품으로, 상품화가 진행 중이다.

손님용 슬리퍼의 가장 중요한 조건은 빨 수 있어야 한다는 것. 심이 없어서 통째로 세탁기에 넣고 돌려도 된다. 계절별로 소재가 바뀐다. 소프트 슬리퍼 · M ¥1,575, L ¥1,890 / 이케부쿠로 세이부

때가 타면 세탁기에 넣고 빨 수 있다. 솜을 따로 분리할 수 있게 되어 있어서 1년 내내 사용 가능하다. 미크로가드 워셔블 이불(1인용) 150×210cm ¥36,750 / 이치다

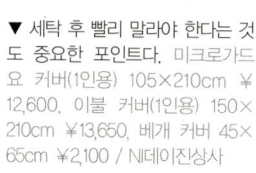

▼ 세탁 후 빨리 말라야 한다는 것도 중요한 포인트다. 미크로가드 요 커버(1인용) 105×210cm ¥12,600, 이불 커버(1인용) 150×210cm ¥13,650, 베개 커버 45×65cm ¥2,100 / N데이진상사

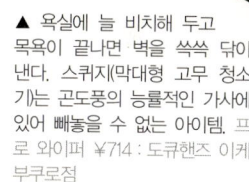

▲ 욕실에 늘 비치해 두고 목욕이 끝나면 벽을 쓱쓱 닦아 낸다. 스퀴지(막대형) 고무 청소기는 곤도풍의 능률적인 가사에 있어 빼놓을 수 없는 아이템. 프로 와이퍼 ¥714 : 도큐핸즈 이케부쿠로점

세제 없이도 때를 완벽히 제거해 주는 똑똑한 행주. 튼튼해서 오래 가고, 빨아 쓸 수 있어 경제적이다. 여기저기 행주(L 사이즈) 33×50cm ¥1,029, (베이비 사이즈) 19×19cm 3매 세트에 ¥1,344 : N데이진상사

이중 구조로 되어 있어 물건이 많이 들어 있어도 안쪽 통을 들어내기만 하면 바깥 바구니까지 사용할 수 있다. 호스 링이 달려 있는 점도 유용하다. W36.4×D25.5×H21.8cm ¥1,250 : 후도기연

고무장갑의 손바닥 부분에 스펀지가 붙어 있어서 세척력이 뛰어나다. 스펀지는 3종류로, 대상에 따라 골라 사용한다. 스펀지 달린 고무장갑 각 ¥399 : 판코우

KAN
KAN

곤도노리코와 공동개발한 코오롱 수납비법

가족과 손님이 편안하게 놀이 개념을 접목한

다다미방
게스트 룸

Tatami Room
& Guest Room

기품이 느껴지는 2.2평의 공간
다다미방

'집이라는 하나의 커다란 공간 속에 전혀 다른 공간을 만들어 보고 싶다.' 문득 떠오른 생각을 행동으로 옮긴 것이 바로 3층의 다다미방이다. 2.2평에 불과한 좁은 방인데도 존재감은 매우 크다. 평소와는 다른 나를 마주할 수 있는 소중한 공간이기도 하다.

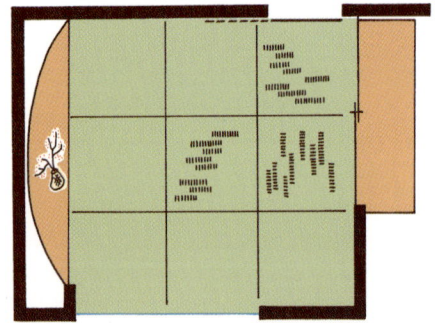

때로는 기모노를 입고 평소와 다른 기분을 느껴 본다. 밤색 기모노에 머리를 정갈하게 틀어 올리고 앉아 화사하게 미소 짓고 있는 곤도 씨.

건축가 에구치 씨의 디자인으로 과거와 현대를 접목시킨 세련된 공간이 탄생했다.

다다미방은
곤도 씨의 꿈이 구현된 공간

3층을 설계할 때 시어머니의 방과 욕실·세면장 등의 필요한 공간 외에는 '놀이' 개념을 적용하여 과감한 변화를 주고 싶었다. 그 꿈을 이룰 수 있게 해준 것이 2.2평의 다다미방이다.

언젠가 여유가 생기면 기모노를 차려입고 격식을 갖춰 다도를 즐기고 싶다는 곤도 씨의 꿈이 깃든 공간. 아쉽게도 그 꿈은 아직 실현되고 있지 않다고.

다다미방이 가진 또 하나의 목적은 손님 숙박. 곤도 씨의 친정 부모님과 친척 아이들을 위한 것이다. 공간 절약 아이디어가 숨어 있는 도코노마까지 보태면 유사 시 이불을 3채나 깔 수 있다.

멜라민제 바닥 상판은 양면으로 사용 가능

창에는 들창식 장지

도코노마의 상판은 언뜻 보면 옻칠을 한 것 같지만 실제로는 물걸레로도 닦을 수 있는 멜라민 수지 가공품이다. 검은색과 은색의 양면을 다 쓸 수 있다. 더욱 놀라운 기능은 57쪽을 참조할 것 상판 : 아이카공업

새시 창을 가리기 위해 고안한 장지. 아래쪽을 잡아 당겨 금구로 고정하고 바깥쪽 창을 여는 구조다.

맹장지의 문고리는 비대칭으로 재미있게

천장에는 대자리 모양의 목판을 붙여 비용 절감

다다미는 현대적인 디자인의 것을 선택

놀이 개념을 도입한 다다미방에는 맹장지도 독특하게 일부러 비대칭 문고리를 달았다.

천장에는 보드에 대자리 모양의 목판을 붙인 기성품을. 시공이 간단하고 비용도 저렴하다. 최근에는 이런 타입의 천장이 인기라고 한다.

가선이 없는 다다미가 바둑판 모양으로 깔려 있다. 심플하고 모던한 이미지를 주는 인기 아이템.

철제 특유의 질감을 느낄 수 있다. 좌 2개 세트 ¥9,240. 우 2개 세트 ¥8,925 : 기소알테크사 아오야마 전시장

에어컨 커버에는 고전미를

심플한 세로 문살의 장지

모든 부분에서 고심한 흔적이 느껴지는 다다미방. 에어컨 커버는 고전미를 살려 우아한 목제 격자로.

남쪽에는 장지를. 가능한 한 심플한 아름다움을 추구하고 싶어 문살은 산뜻하게 세로 모양으로 디자인했다.

다다미방으로 가는 복도에는
굵은 자갈을 깔아 색다른 공간으로

다다미방의 일부였던 공간을 복도에 할당하여 생활감이 없는 공간을 떠올리며 만든 '곤도 정원'. 마음이 편안해지는 곳이다.

이미지를 높이는 데 도움이 되어 준 조연들

자갈 사이에 깔려 있는 크고 작은 징검돌. 집안에서 쉽게 접할 수 없는 소재인 만큼 존재감이 크다.

코너의 장식 선반에는 도쿄 야마토에서 구입한 항아리를 놓았다. 다다미방과의 조화를 고려한 장식물이다.

엘리베이터 문이 열리면 가장 먼저 눈에 들어오는 광경. 색다른 공간이 조용히 펼쳐진다. 곤도 씨가 제안한 대로 놀이 개념이 결합되어 이런 형태가 된 것이다. 외벽 : 아이카공업 도장 벽재 조리팻

복도 중앙 부근의, 낮은 천장을 이미지화하여 만든 부분. 조명을 효과적으로 사용하여 공간이 색다른 분위기가 난다.

낮은 천장 밑에는 디자인적 요소를 중시한 니치를 마련했다. 조명으로 장식 효과를 주니 멋스러운 공간으로 탄생.

니치를 장식하는 작은 오브제. 때로는 꽃을 꽂아 색다른 분위기를 연출한다.

보이지 않는 곳에 설치한
수납 공간

언뜻 봐서는 절대로 알 수 없다. 다다미방의 다다미 밑은 대부분이 수납 공간. 도코노마의 바닥, 다다미 밑, 계단의 서랍, 그 옆의 긴 물건을 수납하는 공간 등 다다미방의 바닥 면 전체가 수납 창고 역할을 한다. 그런데 겉으로는 아름다운 다다미방이 정연히 펼쳐져 있는 것이다. 이제부터 진정한 수납의 기술이 무엇인지 살펴보자.

다다미방에서 사용하는 좌탁이 쏙 들어간다! '수납은 사용하는 장소에' 라는 원칙이 여기서도 적용된다.

도코노마의 바닥 상판을 열면 전체가 수납 공간

곤도풍의 독창적인 도코노마는 단순한 도코노마가 아니다. 그 비밀이 여기서 밝혀진다.

바닥 상판과 그 밑에 있는 상판을 열면 수납 공간이 나타난다. 도코노마 아래쪽 전체에 수납이 가능하다.

다이닝 테이블을 만든 가구 디자이너 하세가와 씨에게 함께 주문한 좌탁. 천판을 접거나 분리할 수 있어 쓰임새가 다양하다.

다다미 밑에 커다란 수납 공간이

벽에 있는 스위치를 누르면 다다미 2장이 7~8cm 정도 위로 올라온다.

다다미방과 그 주변에서 사용하는 물건을 수납하는 공간. 특별히 습한 장소는 아니지만 제습제를 함께 넣어 두면 센스 만점.

스프링이 달려 있어 다다미를 쉽게 들어 올릴 수 있다. 개구부가 넓어 다도 용구나 선물을 넣고 꺼내기 쉽다.

계단 밑에는 서랍식 수납 공간이

서랍을 닫으면 깔끔하다. 수납 공간처럼 보이지 않으면서도 활용도가 높아 유용하다.

폭 75cm, 안쪽 길이 90cm의 서랍이 2개. 방석이나 계절 용품 등 이 방에서 사용하는 것을 넣어 두는 메인 수납 공간. 넣고 꺼내기 쉬워 사용 빈도도 높다.

계단 옆에는 긴 물건을 수납

계단 왼쪽 옆에 있는 작은 문은? 모두가 간과한 수납 공간을 곤도 씨가 발견했다.

긴 물건을 넣어 두는 데 여기만한 장소는 없다. 여름에 사용한 발 등을 수납한다.

57

2.5평의 공간에 침대 3대를 설치
게스트 룸

'부담 없이 모일 수 있는 집'을 목표로 집 만들기. 그 테마가 가장 강하게 느껴지는 공간이 바로 이 게스트 룸이다. 손님이나 작업 스태프가 언제든 부담 없이 묵을 수 있도록 3대의 침대를 설치하고, 모든 것을 손님 사양에 맞춰 준비했다. 2.5평의 제한된 공간을 어떻게 활용하고 있는지 곤도 씨의 아이디어를 따라가 보자.

3층

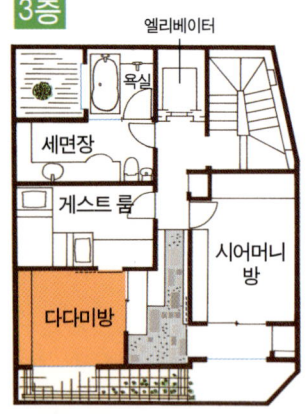

에스닉 스타일로 꾸민 손님용 침실

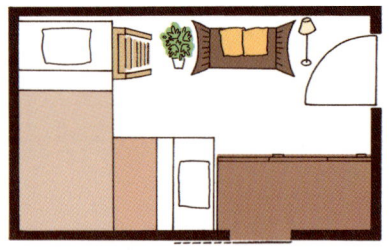

문을 열면 왼쪽에 약 0.5평 크기의 옷장이 있어 세로로 긴 방이라는 인상을 받게 된다. 그러나 창문이 맞은편에 한 개뿐이라서 채광은 별로 기대할 수 없는 구조다.

아이 방에도 응용할 수 있게 2단 침대+로프트로 구성

게스트 룸은 옷장을 합해서 2.5평으로, 일반적으로 아이 방으로 사용되는 정도의 넓이다. 아파트에서도 흔히 볼 수 있는데, 가구 배치가 곤란하기 때문에 창고 방으로 이용되는 경우가 많다.

설계 단계에서 얼마든지 피해 갈 수 있었는데도 불구하고 일부러 이 공간을 만든 데는 나름대로 이유가 있다. 곤도 씨는 2.5평에 지나지 않는 좁은 공간을 아이 방으로 만들어 효과적으로 이용하는 방법을 보여 주고 싶었다고 한다. 실험의 일환으로 아이 방의 위상을 제안하고 싶었던 것이다. 그런 목적이 있는 만큼 가구도 아이 방을 의식해서 배치했다. 2단 침대+로프트 침대의 형태로 3대의 침대를 설치하여 손님이나 스태프가 언제든지 묵을 수 있는 게스트 룸의 기능을 하게 했다. 인테리어는 에스닉 스타일로 꾸며 편안한 분위기를 연출했다.

옷장 안에는 손님용 파자마를 준비해 두는 등 손님을 맞이하는 주인의 넉넉한 마음을 담았다.

2단 침대와 교차되는 형태로 로프트 침대를 설치하여 총 3대의 침대를 들이는 데 성공! 다층 구조가 동심을 자극한다.

취향에 맞는 침대를 고를 수 있게

갑작스럽게 자고 갈 손님이 찾아와도 당황하지 않도록 늘 침대를 손질해 둔다. 상단·중단·하단 중 어디에서 잘까 고민하게 될 듯.

사용하지 않을 때는 지정석에

로프트 베드로 올라가는 사다리는 사용할 때만 설치하는 방식이다. 평소에는 벽에 걸어 두어 공간을 절약한다.

이미지에 맞는 조명 기구로 포인트를

각 침대의 머리맡에는 심플한 조명 기구를 한 개씩 배치, 각자 자유로운 시간을 보낼 수 있도록 배려했다.

융통성 있는 가구와 편안한 인테리어

로프트 밑에는 디노스의 통신 판매에서 발견한 작업용 책상과 의자를 설치.

못 다 한 이야기를 나누고 싶을 때는 벤치에 앉아 느긋하게.

책상의 의자는 차 등을 올려놓는 미니 테이블로 이용 가능하다.

타일카펫을 깔 때는 흠집이 나면 바로 교환할 수 있도록 필요한 것보다 2장 정도 여유 있게 구입한다.

바닥의 주트(jute : 황마 줄기에서 얻은 섬유는 흠집이 난 부분만 교체할 수 있는 타일카펫 감촉이 좋다는 것도 중요한 포인트.

옷장도 대나무를 엮은 모양을 선택하여 에스닉 스타일로. 개폐가 부드러운 접이식 문으로, 물건을 넣고 꺼내기 편하다.

한밤의 수다에 어울리는 플로어 스탠드. 마치 나뭇잎 사이로 새어드는 햇살처럼 부드럽다.

에스닉 분위기를 고조시키는 패널. 타이 실크를 콜라주한 것이다. HUG 에비스점

언제든 자고 갈 수 있도록 옷장 내부는 손님 사양에 맞췄다

랙을 설치하여 보기 쉽고 꺼내기 쉽게 수납. 이웃한 다다미방에서도 옷장을 열 수 있다.

벗은 셔츠 등을 걸 수 있도록 중단의 반은 손님용 빈 공간으로, 방의 분위기에 맞춰 에스닉 스타일의 옷걸이를 상비.

안쪽 선반에는 한 벌씩 바구니에 담은 파자마를 준비. 부직포에 들어 있어 호텔과 같은 여유로움이 느껴진다.

여성용과 남성용을 여러 벌 준비. 손님 각자가 취향대로 골라 입는 시스템.

하단의 투명한 케이스는 손님이 짐을 넣을 수 있도록 준비. 바퀴가 달려 있어 넣고 꺼내기 편하다.

손님이 가신 뒤에는 곧바로 침대를 정리하여 다음 손님을 맞을 준비를 해 둔다. 침대 커버를 씌우고 청소도 확실히!

손님을 기분 좋게 맞이하는 요소들로 가득
현관

문을 열면 "여기는 어디지?" 하고 무심코 중얼거리게 되는 넓은 공간이 나타난다. 모두가 편안한 기분이 될 수 있도록 넓이를 확보한 '현관 방'을 만들고자 한 것. 휠체어 등 시어머니와의 동거상까지 염두에 둔 곤도 씨의 배려심이 느껴진다.

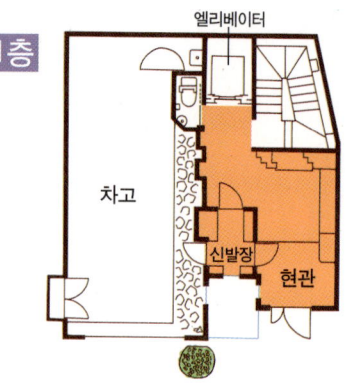

1층

엘리베이터

차고

신발장

현관

따뜻하고 쾌적하게 손님을 맞이한다

현관에 들어온 손님을 기분 좋게 맞이할 수 있도록 꾸몄다. 들어오자마자 집안 공기가 그대로 전해지는 공간인 만큼 따뜻하고 쾌적한 분위기로 연출하려고 했다.

오브제 감각으로 장식한 드라이 트리. 물을 갈아 주지 않아도 되기 때문에 바쁜 일상에 매력적이다.

탈취 효과가 있는 숯은 현관의 필수품. 자유롭게 이동할 수 있도록 다발로 묶어 둔다.

향기 나는 돌을 준비하여 은은한 향기와 함께 손님을 맞이한다.

인터넷으로 주문한 문패. '문패집닷컴'
http://www.hyousatuya.com

정면의 니치는 갤러리 감각으로 장식. 꽃병
：島安汎공예제작소

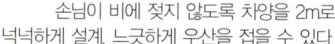

어서 오세요!

넓은 현관은 손님을 위한 공간

현관 설계 시 3가지에 포인트를 두었다. 첫째, 가족이 집에 돌아왔을 때 편안한 공간. 마음이 편안해지는 초록색 식물과 벤치로 장식했다. 둘째, 집의 얼굴로서의 현관. 문을 열자마자 눈에 들어오는 니치가 그 역할을 담당한다. 무엇이든 첫인상이 중요한 법이니 말이다. 셋째, 촬영팀이나 택배, 쇼핑한 물건 등에 대응하기 위한 현관. 이를 위해서는 어느 정도의 크기를 확보하는 것이 관건. 그렇다면 '넓은 현관을 만들자!', 이것이 곤도 씨가 내린 결론이다.

손님이 비에 젖지 않도록 차양을 2m로 넉넉하게 설계. 느긋하게 우산을 접을 수 있다.

신발과 코트는 벗어서
셀프로 수납

이 옷장은 손님을 위해 항상 비워 둔다

손님이 많이 찾아오는 곤도 씨네 집에는 규칙이 있다. 현관에 들어오면 슬리퍼를 꺼내서 신고, 신발을 넣고, 코트를 벗어야 한다는 것. 손님 스스로 알아서 해야 하기 때문에 방문객이 사용하기 편리한 시스템을 도입했다.

벽에 설치된 커다란 옷장.
마노네

벗은 신발과 코트의 지정석을 한눈에 알 수 있는 구조. 손님이 많이 찾아와도 안심이다.

손님 수에 대응할 수 있는 세심한 장치들

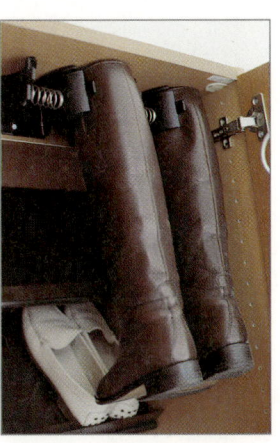

부피가 큰 코트를 넣어도 문이 부드럽게 열리고 닫히게 하기 위해 스토퍼를 설치했다.

넥타이용 행어를 머플러나 스카프 걸이로 이용한다. 분실되는 것을 방지하는 데도 효과적이다.

신발은 이 경사진 선반에 알아서 수납한다. 신발이 현관에 널브러져 있지 않도록 손님도 협조한다.

부츠 지정석. 긴 부츠가 현관에 지저분하게 늘어져 있는 광경은 이제 안녕!

슬리퍼는 남녀용 구분하여 비치

벤치 밑의 서랍에는 손님용 슬리퍼를 비치해 둔다. 한 컬레씩 세로로 수납할 수 있는 칸막이를 부착해 놓아 꺼내기 쉽다.

비 오는 날은

문이 거울로 된 수납장. 안에는 핸드 타월과 신발을 닦는 걸레를 비치해 두었다. 비에 젖은 옷과 가방을 닦으면 된다.

비 오는 날에는 바구니가 나온다. 사용한 수건은 이 안으로 휙! 이제 안으로 들어오세요.

별도로 만든
가족용 신발장

현관을 '손님을 위한 공간'으로 생각한 곤도 씨. 현관과 차고 양쪽에서 통하는 이 신발장은 가족 현관으로 이용되고 있다.
문이 없는 개방형 선반이라 사용하기 쉽고, 집안의 신발을 모두 수납하는 노하우가 여기저기 담겨 있다.

0.7평의 공간에 100켤레 이상의 신발이 들어간다

엘리베이터 홀에서 문을 연 모습(58쪽의 배치도 참조). 왼쪽으로 가면 현관, 오른쪽으로 가면 차고로 나갈 수 있는 문이 있다. 모두 마노네의 작품.

현관에 신발 냄새가 배지 않도록 문으로 차단 가족 현관의 기능도 겸하고 있다

곤도 씨의 바람에 따라 가족 신발장은 문을 달지 않고 개방형으로 두었다. 문제는 냄새!! 환기 시설을 설치한 것은 물론 손님이 조금이라도 불쾌해하지 않도록 하기 위해 문을 달아 현관과 차단했다. 공간을 효과적으로 이용하는 노하우와 가족의 편의를 위한 배려가 가득하다. 곤도 씨가 직접 만든 수납 공간도 여기저기서 그 모습을 자랑하고 있다.

1 책장을 모방한 이중 구조로 안쪽을 효과적으로 이용

▶ 앞쪽 선반이 옆으로 미끄러져 이동하는 이중 구조로, 60cm나 되는 안쪽 길이를 활용한 아이디어다. 문 뒤에도 신을 넣을 수 있는 랙이 달려 있다. 상품화가 검토 중이다.

신발이 없으면 이런 느낌

This is Convenient!

곤도 씨가 오랫동안 관심 가져 온 신발 수납 도구. 한쪽 신을 거꾸로 해서 교차되게 놓기 때문에 수납 공간이 2배다. 남성용과 여성용이 있으며, 사이즈는 22~28cm. 슈젯 3개 세트 ¥500 이시다

거울이 달려 있는 왼쪽 문을 열면 앞쪽의 수납 선반이 좌우로 움직인다. 죽은 공간이 전혀 없는 완벽한 수납 기술.

❷ 옆으로 쓰러지지 않도록 부츠 행어를 설치

수납이 곤란한 부츠는 전용 행어에, 스프링을 이용한 단순한 구조로 윗부분을 끼우기만 하면 된다. 모양도 그대로 유지된다.

❸ 바퀴 달린 발판은 사용할 때는 전혀 움직이지 않는다

바퀴가 달려 있어 쉽게 이동시킬 수 있고, 하중이 있으면 그 자리에 정지한다. 상품화가 검토 중이다.

높은 곳에 수납할 때도 편하게~

천장까지 이용하고 있기 때문에 발판은 필수. 평소에는 수납 선반의 일부로 기능하다가 높은 곳에 있는 물건을 꺼낼 때는 발판으로 변신한다.

❹ 22cm의 안쪽 길이를 완벽하게 활용한 선반

안쪽 길이가 22cm밖에 안 되는 공간에 Z형 아크릴판을 경사지게 걸어 랙으로 이용. 가까운 시일 내 판매 예정.

❺ 18cm짜리 단을 이용하여 수납 공간 확보

집에 돌아오면 서랍에서 관리 용품을 꺼내서 신발을 손질하면 된다.

시어머니의 건강을 위해 일부러 만든 18cm짜리 단. 작은 공간도 놓치지 않는 곤도 씨. 여기에 신발 관리 용품을 수납하는 서랍을 설치했다.

❻ 가족 모두 사용하기 편하도록 추가한 것들

만드는 방법 P.118

자석 보조판으로 장착한 상자에 필기 도구를 수납해 놓아 급히 메모할 일이 있을 때 사용하면 편리하다.

화이트보드는 잊어버린 것이 없는지 체크할 때 메모를 하거나 가족간에 메시지를 남길 때 유용하다.

수납 선반 옆에 가족용 슬리퍼 랙을 직접 만들어 달았다. 매일 쓰는 물건이므로 넣고 꺼내기 편한 위치에 설치했다.

시어머니를 위해 설치한 손잡이. 가벼운 운동이 될 수 있도록 18cm짜리 단도 달아 안심이다.

KAN
KAN

곤도노리코와 공동개발한 코오롱 수납비법

청결 · 치유 · 안전 · 접대
어느 것도 소홀히 할 수 없는 공간

욕실 · 화장실

Toilet

'부유감' 을 테마로 한 이색 공간
2층 화장실

사람과의 만남이 또 한 번 결실을 맺었다. 2층 화장실이 바로 그것. 반 년 전 INAX 홍보실에 계신 분의 소개로 알게 된 다카노 히데오 씨. 〈레터스 클럽〉을 연재할 때도 당시 두 사람간의 화장실 담의를 소개한 바 있다. '화장실은 응접실' 이라는 다카노 씨의 독특한 발상에 의기투합한 곤도 씨. 그 뒤로 다카노 씨를 '화장실 박사' 로 모시고 있다고. 다카노 씨의 손으로 완성한 이 화장실은 그야말로 '화장실은 응접실' 이라는 그의 생각이 그대로 녹아 있는, 손님을 위한 공간이다. 설계 단계에서 주로 목재를 사용한 거실과는 달리 이색적 공간을 만들어 보자고 제안한 다카노 씨. 실제로 디자인에 착수한 것은 인테리어 디자이너인 오츠카 노리유키 씨이다. 두 베테랑이 제작한 이 화장실에 모두가 감탄했다. 별로 넓지 않은 공간인데도 마치 별천지에 와 있는 듯 머무는 시간이 즐겁다.

2층 엘리베이터 / 세탁실 / 화장실 / 저장실 / 손 씻는 곳 / 다이닝 키친 / 거실

① 기능과 디자인에 충실한 선택

첨단 기술과 탁월한 디자인으로 주목받고 있는 INAX의 '샤티스'. 탱크가 달린 것과 없는 것 2가지 패턴이 있다. 모두 세계 최소 사이즈로, 작은 공간에도 여유가 생긴다.

2층 화장실에 설치한 것은 탱크가 달린 것. 세련된 모양이 아름답다.

② 벽 소재와 조명으로 더블 효과

부유감을 만들어 내는 젖빛 유리와 젖빛 거울. 깊이감 있는 소재를 사용한 것과 조명 효과가 부유감의 비밀 간접 조명이 부드러운 인상을 준다.

청소가 즐거워져요!

③ 움직이는 가구는 숨긴다

제한된 공간을 충분히 활용하기 위해 세면 카운터 밑의 수납 상자는 가동식으로. 벽과 일치되어 공간이 좁아 보이지 않는다. 벽에 달린 조명 기구를 교환할 때는 꺼내서 작업하면 된다.

문을 열면 곤도풍의 수납 공간이 나타난다. 여기서 사용하는 청소 도구가 모두 들어 있다.

스테인리스 화장실 휴지 케이스. 실용성은 물론 악센트 효과까지 누릴 수 있다.

세면 카운터의 안쪽 일면은 젖빛 유리. 조명이 밑에서 나온다.

우주 공간을 연상시키는 오묘한 분위기를 연출.

④ 청소가 놀랄 만큼 편해졌다

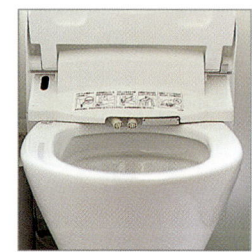 

변좌 전체가 올라가는 구조라서 화장실 청소의 가장 큰 문제인 변좌 밑 청소가 쉬워졌다. 젓가락이나 긴 막대로 청소하던 시절은 이제 그리운 추억으로!?

지저분해지기 쉬운 틈새에까지 손을 집어넣을 수 있어 걸레로 슥 닦아 내면 청소 끝.

작지만 좁게 느껴지지 않는
1층 화장실

"이런 좁은 공간에 화장실은 무리예요." 라는 말에 오기가 발동하는 곤도 씨. 1층 엘리베이터와 차고 사이에 화장실을 만들기는 곤란하다는 것이 다수의 의견이었다. 그럼에도 불구하고 고집을 부린 이유는 작업 스태프와 손님을 위한 화장실이 필요했기 때문이다. 예산이 부족해서 작업실이 있는 지하에 화장실을 만들기는 부족했기에 선택한 고육지책이기도 하다.

이 작은 주택용 화장실 만들기에 도전하면서 '어떻게 비좁은 공간을 효과적으로 활용할 수 있을까?' 를 두고 전시장과 카탈로그 등을 보며 고민 또 고민한 끝에 세로 147cm, 가로 67cm의 공간에 기능을 집약시켰다. 검은색 타일로 세로 라인을 만들어 악센트를 줌으로써 인테리어까지 충족시킨 단순하고 편리한 화장실 완성! 좁다고 해서 포기하지 않고 필요한 것은 어떻게든 손에 넣고 마는 곤도 씨의 스타일이 여기서도 드러난다.

1층
엘리베이터
화장실
차고
신발장
현관

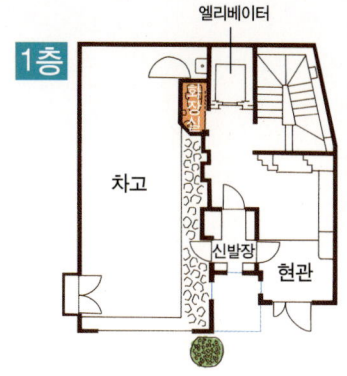

아파트 평균 크기의 약 2/3
1m² 의 공간에 화장실을 들인 5가지 비밀

❶ 탱크가 없어 공간을 절약
탱크 달린 변기보다 안쪽 길이가 14cm나 짧은 세상에서 가장 작은 화장실 탄생. 크기가 겨우 65cm! 획기적인 변기의 등장으로 새로운 공간 조성이 가능해졌다.

❷ 미닫이로 공간을 활용
미닫이는 벽면을 이용하므로 문을 열고 닫기 위한 공간이 필요 없다. 좁은 공간을 최대한 이용할 수 있는 편리함 때문에 최근 들어 다시 주목받고 있다.

❸ 작은 세면기를 설치
이웃하고 있는 차고 때문에 비스듬하게 잘린 벽에 설치한 세면기. 안 길이가 20cm의 크기에 수건걸이도 있다. 인테리어까지 고려한 훌륭한 디자인도 눈을 끈다.

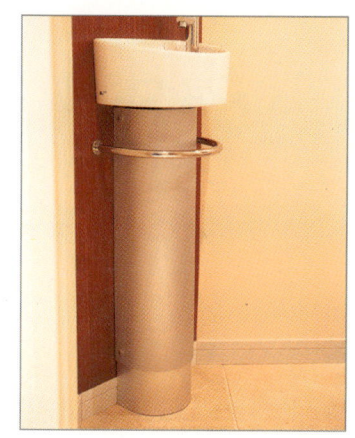

❹ 타일로 세로 라인을 강조
공간을 조금이라도 넓어 보이게 하기 위해서는 시선이 세로로 움직이도록 디자인하는 것이 좋다. 이것은 거실 창에서도 입증된 사실. INAX의 전시장에서 아이디어를 얻었다.

❺ 수납 공간도 충분히 확보
아무리 좁아도 어떻게든 수납 공간을 확보하는 것이 곤도 스타일. 휴지 등의 수납이 필요한 공간인 만큼 벽에 선반을 달았다.

좁지만 편리 해요.

엘리베이터

세면장

게스트 룸

다다미방

시어머니
방

시각적인 효과로
호텔 화장실에 온 듯한 여유를

3층 북서쪽에 위치한 화장실은 자연광이 가득한 욕실과 L자형의 널따란 카운터가 인상적인 세면
공간으로 구성되어 있다. 외국의 리조트 호텔을 연상시키는 개방된 휴식 공간으로 구성했다.
그렇다고 면적이 넓은 것은 아니다. 일반적인 아파트의 욕실 크기와 거의 비슷하다. 세면대는 폭이
별로 넓지 않아서 긴 수납 선반으로 안쪽 길이를 강조하고, 바닥과 벽 그리고 카운터는 흰색으로
통일하여 연속성을 갖게 하는 등 시각적인 효과로 협소한 것을 보완했다.
소재와 색상 선택에 신중을 기하여 시선을 유도함으로써 탁월한 공간 활용 기법을 경험할 수 있다.

욕실

특별히 넓지 않은데도 불구하고 욕실이 이처럼 여유로워 보이는 것
은 세면대와 칸막이를 모두 유리로 달고 큰 창문 너머에 목제 테라
스를 만들었기 때문이다. 호텔과 같은 편안함과 더불어 시어머니를
위한 배려도 여기저기 숨어 있다. 낮에 자연광을 쐬면서 욕조에 몸
을 담그면 기분 최고!

❶ 리조트에 온 듯한 개방형 구조

욕조와 거의 같은 길이의 커다란 창을 내고 바깥쪽에 목제 테라스를 설치. 하루 동안 쌓인 피로를 푸는 데 최고의 공간이다. 욕조에 몸을 담그면 눈높이에 맞춰 초록색 화분을 감상할 수 있다.

높이를 맞춰 욕실과 목제 테라스에 통일감을 줬다.

목제 테라스에는 화분을 집어넣기 위한 구멍이 뚫려 있다.

❷ 호텔 사양의 다기능 욕조

피곤한 몸을 편안하게 풀어 주는 기포가 나오는 욕조. 시어머니의 안전을 고려하여 들어가고 나올 때 넘기 쉬운 높이를 선택했다.

바다를 항해하는 대형 요트가 남긴 흔적을 모티브로 한 디자인

❸ 넓이를 강조한 유리 칸막이

한 면 전체를 유리로 덮어 세면대와 통일감을 연출. 목욕 중에는 세면대에 출입하지 못한다는 불편함이 있긴 하지만 과감하게 시도해 보기로 했다.

❹ 무거운 느낌이 들지 않는 장식 선반

화분이나 소품을 장식하는 공간. 공들인 설비도 공간의 미를 제대로 살리지 못하면 아무런 의미가 없다. 투명한 유리 선반으로 무거운 느낌을 배제했다.

문이 매우 가벼워서 연세가 있는 분들도 큰 힘을 들이지 않고 열 수 있다.

길이를 각각 다르게 3단으로 설치. 상단에는 화분을 넣기 위한 구멍이 뚫려 있다. 아래쪽 2단에는 욕실에 어울리는 소품을 설치.

❺ 습기에 강한 목제 블라인드

창문에 설치한 목제 블라인드는 습기에 강하고 단단해서 색이 바래거나 휘지 않는다.

세면대와 맞춘 색상. 블라인드 : 일본 헌터 더글러스

❻ 호텔을 연상시키는 스틸 파이프 선반

호텔 욕실에서 흔히 볼 수 있는, 수건 등을 놓아두는 스틸 선반이다. 파이프 형태라서 무거운 느낌이 들지 않고, 보고 있으면 여유로운 기분이 든다.

조립식 욕실(unit bath)에서는 느낄 수 없는 풍요로움을 선사한다. 물건을 잠시 놓아둘 때 편리.

❼ 시어머니에 대한 배려

시어머니가 혹시라도 넘어지실까 봐 우려하여 배려한 부분이 많다. 혼자 있는 공간이므로 꼼꼼히 준비했다.

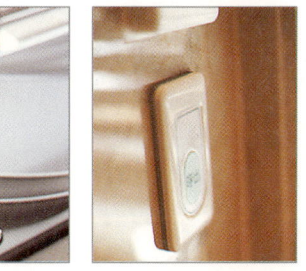

욕조 두 면에 손잡이를 설치했다. 위치는 시어머니와 상의하여 결정했다.

만일의 사태에 대비한 비상 버튼. 그 존재만으로도 안심이 된다.

입구의 장애물을 없애고, 바닥에는 잘 미끄러지지 않는 타일을 깔았다. 세라믹 타일 : 애드반

욕조에 들어갈 때 넘어지지 않도록 잠시 앉을 수 있는 공간을 마련했다.

욕실의 스퀴지는 집안일의 효율성을 높이는 기본

곤도 씨의 일과 중 하나는 욕조에서 나와 스퀴지로 청소하는 것. 습기가 차기 쉬운 곳이므로 부지런히 물기를 닦아 내지 않으면 곰팡이가 필 수 있다.

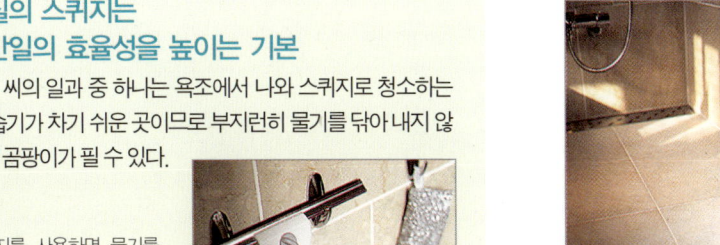

스퀴지를 사용하면 물기를 간단히 닦아 낼 수 있다. 수시로 사용할 수 있도록 욕실에 비치해 두면 좋다.

① ② ③ ④ ⑤ ⑥

세면대

이 세면대는 2개의 얼굴을 가졌다. 바로 옆이 게스트 룸인 관계로 가족뿐만 아니라 손님을 배려한 다양한 장치가 숨어 있기 때문이다. 세면대와 변기를 같은 공간에 둔 것은 장단점을 실험해 보기 위함이다.

① 사용감을 실험하기 위한 원룸 타입

세면기는 반원형의 콤팩트 타입을 선택하여 출입에 방해가 되지 않는 위치에 설치했다.

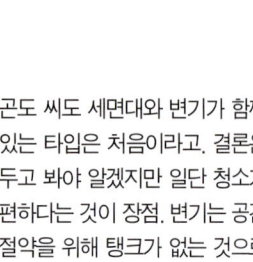

곤도 씨도 세면대와 변기가 함께 있는 타입은 처음이라고. 결론은 두고 봐야 알겠지만 일단 청소가 편하다는 것이 장점. 변기는 공간 절약을 위해 탱크가 없는 것으로 선택했다.

② 선반 하나로 창출한 임시 수납 공간

'욕실 입구 근처에 갈아입을 옷을 놓아 둘 공간이 있었으면 좋겠다.'라는 생각 끝에 탄생한 공간. 탱크가 없는 변기의 장점을 살려 사용할 때만 뺄 수 있는 선반을 설치했다.

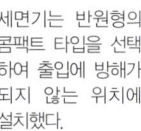

카운터 위에 설치한 수납장 측면에 손잡이 같은 것이 보인다.

스르르~

손잡이를 잡아당기면 미끄러지듯이 움직이면서 천판이 등장!

탕

경첩을 이용하여 접혀 있는 천판을 앞쪽으로 펴면 70×45cm의 임시 수납 공간이 나타난다.

곤도 씨의 주문을 받고 마노네에서 시행착오를 거듭하면서 실험적으로 제작. 탱크가 없는 공간을 효과적으로 이용하고 있다.

갈아입을 옷을 변기 위에 놓기는 왠지 찜찜하다. 손님들에게도 매우 인기가 많다.

❸ 집안일의 효율성을 높이기 위해 탈의 슈트를 도입

욕실이 세탁실 바로 위에 있다는 점을 감안하여 고안한 아이디어. 세탁물을 2층까지 나르는 번거로움을 줄이기 위해 바닥에 구멍을 뚫어 떨어뜨리는 구조다.

구멍 너머에는 젖은 수건 등 분류해 놓고 싶은 것을 넣기 위한 상자가 대기하고 있다.

"계단을 오르내릴 필요가 없어서 편리하고 세면장이 늘 깔끔해요"라는 곤도 씨.

카운터 밑에 쌍바라지 문이. 수납 공간일까?

문을 열고 들여다보면 2개의 커다란 구멍이 뻥! 낙하 방지를 위한 난간이 달려 있다.

세탁물을 떨어뜨리면 세탁실의 수납장에 설치해 놓은 바구니 속으로 골인! 흰 옷과 색깔 옷을 구분하여 세탁하기 위해 2개를.

구조가 매우 단순하죠.

❹ 세면볼 밑에는 직접 수납 공간을 제작

만드는 방법 P.117

세면볼 밑은 배수관이 지나가기 때문에 청소 도구나 샴푸 등을 수납하기 어렵다. 곤도 씨는 이 공간도 그냥 두지 않고 편리한 수납 공간으로 만들었다.

공간 양쪽에 플라스틱 케이스를 놓고 각각의 측면에 받침대를 장착하여 선반을 얹은 다음 체중계 등을 수납.

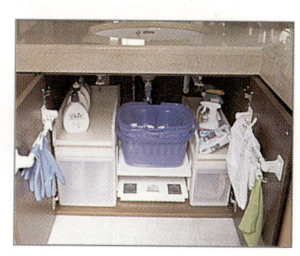

❻ 가족용은 보이지 않는 곳에 한꺼번에

손님도 사용하는 공간이므로 생활의 냄새를 풍기지 않도록 가족용 세면도구는 거울 양쪽의 수납 공간에.

❺ 욕실 매트도 지정석을

욕실 매트가 계속 깔려 있으면 지저분해 보이므로 수건걸이를 설치하여 지정석을 만들어 준다. 사용 후 걸어 두면 다음날 보송보송해진다.

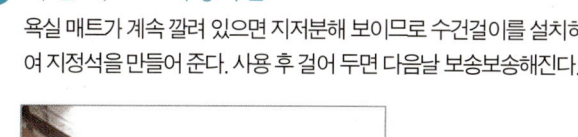

가능하면 필요할 때 바로 꺼낼 수 있는 욕실 입구에 설치하는 것이 가장 좋다.

수납 물품을 최소한으로 제한하는 것도 정리의 포인트. 문 뒤에는 잡동사니를 걸어 둔다.

부담 없이 느긋하게 쉴 수 있도록 **손님에 대한 배려**

집주인이 과도하게 친절해도 손님의 마음이 왠지 편하지 않다. 그런 경험을 바탕으로 탄생한 곤도풍 접대 방식은 셀프 서비스.

목욕 후의 휴식 공간을 조성
욕실과 일체형인 세면대에서 접할 수 있는 다양한 서비스. 몸과 마음이 편안히 쉴 수 있는 공간을 조성하려고 했다. 널찍한 수납 공간과 인테리어도 눈여겨볼 만하다.

향기로 먼저 손님을 대접한다. 아로마 스톤과 방향제로 기분을 상쾌하게.

널찍하고 편안한 세면대는 세련된 베이지 계열로 통일.

손님용 미니 냉장고를 놓았다
목욕 후 갈증을 풀고 싶을 때 부담 없이 사용할 수 있는 미니 냉장고. 손님들이 좋아하는 모습을 보고 싶어 냉장고를 두게 되었다는 곤도 씨. 예상대로 손님들의 반응이 매우 좋다.

카운터 밑에 미니 냉장고가 쏙 들어가 있다. '셀프 서비스로 자유롭게 드세요.'

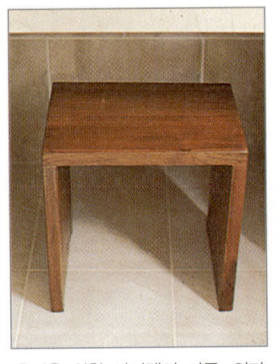

휴식을 위한 아이템이 가득. 의자를 놓았다는 점에도 후한 점수를 주고 싶다.

인테리어 숍을 모방하여 만든 코너에는 유리잔과 미니 접시를 놓았다.

세심한 배려에 감탄하게 되는 풋케어 세트. 솔, 발가락 패드, 지압봉, 굳은살 제거기가 세트로 완벽하게 준비되어 있다.

세면도구도 완벽하게 준비
갑작스러운 숙박 손님에도 대응할 수 있도록 호텔식으로 완벽하게 준비한 세면도구. 양치 세트와 빗은 남녀 공용. 헤어밴드와 샤워 캡은 여성용, 면도기는 남성용.

세면대 중앙에 있는 미늘살 문 안에는 손님용 수건과 세면도구를 수납. 세면대와 어울리는 브라운 계열이다.

남녀 구분이 가능하도록 색상이 다른 태그가 달려 있다.

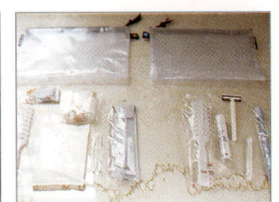

남성용과 여성용 세트 공개. 빈틈없는 아이템으로 구성되어 있다.

쾌적하고 편리한 사적인 공간

부부 침실
드레스 룸

  Bed Room &
Dress Room

과감하게 심플함을 선택한 휴식 공간
침실

하루 일과를 무사히 마치고 난 뒤에는 몸과 마음의 피로를 풀고 편안하게 잠자리에 들고 싶은 것이 모두의 마음이다. 특히 침실은 긴장을 풀고 느긋하게 쉴 수 있는 공간!! 부부만의 공간이므로 분위기와 편리함을 가장 중시하여 꾸몄다.

16년 가까이 사용하고 있는 물침대를 과감히 리메이크했다.
잠잘 때 기분이 좋고 몸에 부담도 되지 않아 오랫동안 애용하고 있다고.

하루 동안 쌓인 피로를 푸는 공간인 만큼
색상 선택에 신중을 기했다

느긋하게 잘 시간도 없이 바쁜 일상을 보내고 있는 만큼 짧은 휴식 시간을 소중하면서도 알차게 보내고 싶은 곤도 씨. 맨 위층의 침실은 눈부시게 빛나는 휴식 공간으로 꾸몄다. 5평 정도의 방에는 오직 침대뿐. 아무것도 없는 공간의 사치를 즐긴다. 다른 방이 대부분 브라운 계열인 데 반해 이곳만은 엷은 회색톤을 선택했다. 차분하고 부드러운 색조가 침실에 평화로운 분위기를 가져다 준다. 이곳에선 매일 멋진 꿈을 꿀 것만 같다.

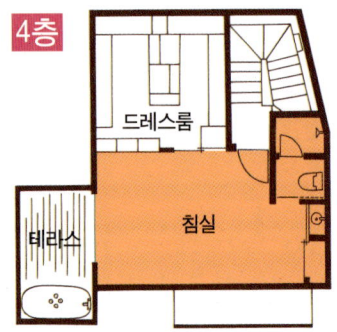

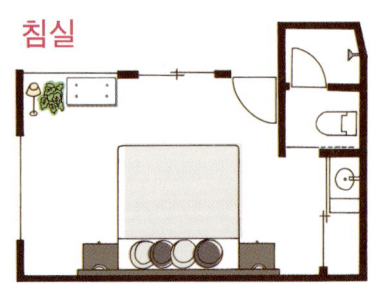

침실

74

침실과 연결된 테라스에 기포 욕조를 설치

이 욕조는 몸에 꼭 맞는 설계로 일상에서 느껴 보지 못한 호사를 누리게 한다.

테라스로 나가는 유리문을 열자마자 나오는 기포 욕조가 시각적으로 여유를 준다.

테이블은 접이식으로

🔨 **만드는 방법**
P.115

기포가 나오는 욕조에 누워 목욕을 즐기면서 음료수를 마시는 리조트에서의 한때를 상상하며 주문 제작한 테이블. 사용할 때만 등장한다.

음료수를 보관할 수 있는 냉장고와 미니 바

생활 시간대가 다른 시어머니를 배려한 것으로 한밤중에 소음을 내지 않기 위한 아이디어다.

냉장고 위에 슬라이드 선반을 설치하여 컵 등을 놓아두는 공간으로 만들었다.

바닥은 어떤 색과도 어울리는 회색으로

머릿속에 그려 본 색조와 같아서 매우 만족하고 있다는 곤도 씨. 방이 넓어 보이는 효과도 있다.

침실 바닥은 여러 가지 색을 혼합하여 만든 색으로, 곤도 씨의 희망을 반영했다. 약간 핑크빛이 도는 따뜻하고 부드러운 분위기의 플로어가 완성되었다. 아사히 우드테크

언제든 편히 사용할 수 있도록
화장실을 침실에

침실에 인접한 변기와 샤워룸.
완벽히 사적인 장소이므로 자유롭게 사용할 수 있다.
생활 시간대가 다른 시어머니를 배려한 소음 대책 방법이기도 하다.
원하는 시간에 언제든 사용 가능하다는 편리함이 늘 바쁜 곤도 씨에게 최고!

생활 시간대가 다른 시어머니와 손님을 고려했다

늦은 밤에 시어머니 방 앞에 있는 욕실을 사용하게 되거나 남편의 친구가 잠을 자고 갈 때 목욕하는 문제 등 은근히 신경 쓰이는 상황을 피하기 위해 침실에 샤워룸을 설치하기로 했다. 가족의 생활 시간대가 다른 경우 메인 욕실 외에 샤워룸이 있으면 서로 편리하다.

샤워룸 & 변기

톱라이트 빛이 들어오는 쾌적한 공간

흰 타일이 눈부신 샤워룸. 내리쬐는 빛을 받으며 샤워하는 시간은 심신을 치유하는 시간이기도 하다. 대형 샤워 헤드의 사용감도 물론 최고. 심플한 공간에서 하루하루 쾌적하게!

대형 샤워 헤드가 인테리어 효과까지 낸다. 타일의 흰색과 스테인리스 컬러만으로도 감각적인 공간이 된다.

무게감이 느껴지지 않는 유리 선반에 목욕 용품을 올려놓았다. 디자인을 보고 선택했다.

버튼 하나만 누르면 변좌가 올라가기 때문에 청소가 쉽다

버튼을 누르면 변좌가 순식간에 위로 올라가기 때문에 변기 틈새를 청소하기가 쉽다. 청소가 끝난 뒤에는 다시 버튼을 누르면 원위치로!

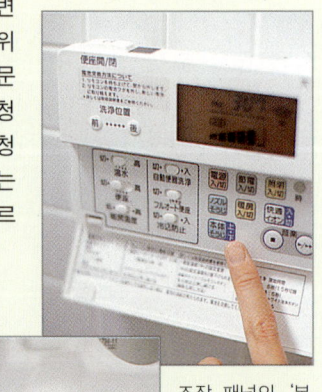

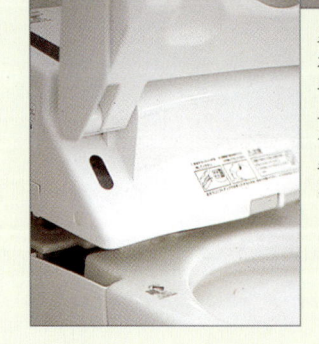

조작 패널의 '본체 청소' 버튼을 누르면 변좌가 위로 올라간다. 너무 간단해서 계속 청소를 하고 싶은 기분이 든다.

필수품에는 지정석을

욕실 매트는 기분 좋게 쓸 수 있도록 사용 후에는 수건걸이에 걸어 두면 좋다.

여기도 스퀴지가 등장. 스펀지도 옆자리에, 청소 용구 코너.

리드상사의 스테인리스 용기. 원래는 꽃집에서 꽃을 꽂아 두는 통인데, 크기가 커서 매우 편리하다.

카운터에 구멍을 2개 뚫어 쓰레기 투입구로, 천판 밑에는 꼭 맞는 크기의 용기를 넣어 둔다.

카운터 밑으로 쏙 들어가는 스툴. 가벼운 데다 디자인도 탁월하다. 이탈리아산(産).

세면대

후크를 활용하여 깔끔하게 정리한다

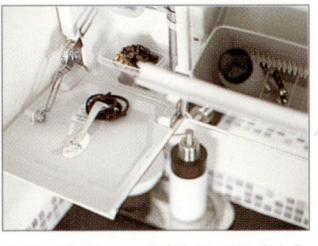

작은 문을 앞으로 당기면 문 뒤쪽에서 후크에 걸어 놓은 헤어밴드가 등장한다.

손톱깎이나 족집게는 문 뒤쪽 구석에.

핸드 타월을 걸기에 편리한 후크. 칼집이 있는 고무에 타월을 끼워 넣는 타입.

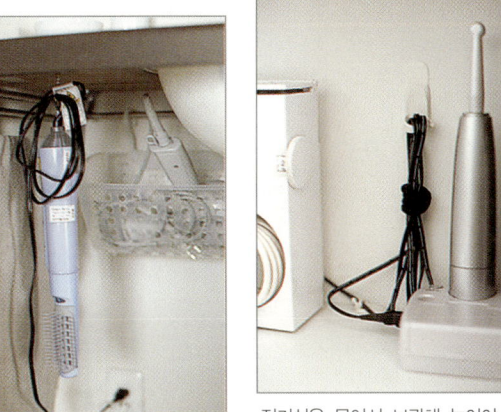

카운터 아래는 드라이어 지정석. 후크와 바구니를 이용하여 정리한다.

전기선은 묶어서 보관해 놓아야 보기에도 깔끔하고 사용할 때도 신속히 꺼낼 수 있어 편리하다.

타일을 카운터 면에서 5cm 높이까지 붙여 방수는 물론 인테리어 효과까지.

그냥 보면 벽장, 문을 열면 미니 세면대

얼굴을 씻고 양치질을 할 수 있는 작은 크기의 세면대가 침실에 있으면 정말 편리하다. 곤도 씨의 요청에 따라 설치하게 된 이 세면대는 안쪽 길이 45cm의 앙증맞은 크기. 사용하지 않을 때는 문을 닫아 두면 평범한 벽장처럼 보인다.
*타일을 카운터 면에서 5cm 높이까지 붙여 방수는 물론 인테리어 효과까지.

구조상 죽은 공간도 수제품을 추가하여 빈틈없이 활용한다

세면대 오른쪽 수납 공간에는 파자마와 내복을 수납. 사선으로 되어 있는 죽은 공간도 수제 선반을 추가하여 100% 활용한다.

만드는 방법
P.116

B @와 똑같은 구조로 되어 있는 곤도 씨의 공간. 셔츠와 니트, 바지 등을 수납.

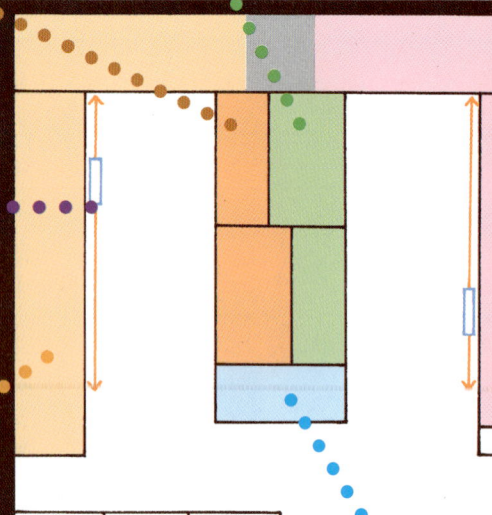

A 등을 맞댄 5개의 수납장으로 구성되어 있는 부분에서 남편의 공간 위쪽 선반에는 문이 달려 있다.

한눈에 볼 수 있어
계절별로 따로 정리할 필요가 없는
드레스 룸

곤도 씨의 집에서 상당히 주목도가 높은 공간.
지금까지 보여 준 다양한 수납 아이디어가 어떻게 활용될지 흥미진진하다.
기능성을 추구한 크고 작은 아이디어가 가득하다.

D 남편의 정장과 재킷이 정렬되어 있다. 양복 커버를 씌워 먼지가 묻는 것을 막는다.

양쪽에 가동식 거울을 설치했다. 천장에 설치한 레일을 따라 이동하는 구조다.

문을 열면 바로 오른쪽에 임시 걸이용 후크가 있다. 손질하기 전의 재킷 등을 걸어 둘 수 있어 편리하다.

E 곤도 씨의 옷을 걸고 가방 등의 소품을 수납하는 공간. 발판이 준비되어 있어 높은 곳도 문제없다.

> 쉽게 정리할 수 있어서 언제나 깔끔해요.

C 세로로 긴 선반은 철제 바구니를 이용하여 수납했다. 주로 캐주얼한 티셔츠류.

구조는 이렇다

중심부의 3개 파트(@⑥ⓒ)는 가동식으로, 그 부분을 치우면 이런 느낌이 된다. 자세한 구조는 82쪽에.

창작 욕구를 불러일으키는 단순한 공간. 통로를 넓게 빼서 움직이기 쉽다.

수납은 쉽고 기분 좋게 외출 준비를 할 수 있는
시스템 수납 도입

4평의 공간을 할당한 이 드레스 룸의 제작에는 수납 가구 제조사 마노네가 참여했다. 곤도 씨와 남편의 옷과 가방 등 몸에 걸치는 모든 것이 들어 있는 공간인 만큼 이미지를 실제화하는 작업에 신중을 기했다.
드레스 룸에 요구되는 요소는 '아이템을 쉽게 찾고 꺼낼 수 있어야 한다는 것'. 이에 착안하여 선택한 것이 개방형 선반을 메인 테마로 한 시스템 수납의 도입. 5개 부분으로 구성된 기능적인 공간이 완성된 뒤에는 곤도 씨가 마술을 부릴 시간! 개방형 선반의 단점인 먼지 대책을 비롯하여 편리성을 강화하기 위한 기술이 곳곳에 가득하다.

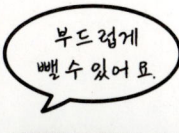
부드럽게 뺄 수 있어요.

Ⓐ Ⓑ

셔츠는 슬라이드식 트레이에 겹쳐서 수납

선반을 슬라이드 식으로 배열하여 셔츠 수납 공간으로 이용. 칸막이는 아크릴판으로 만들었다.

만드는 방법 P.116

꺼내기 쉽게 손가락을 걸기 위한 손잡이를 추가했다. 중심에 장착하면 덜컹거리지 않는다.

옷을 고를 때 편리한 임시 걸이용 후크

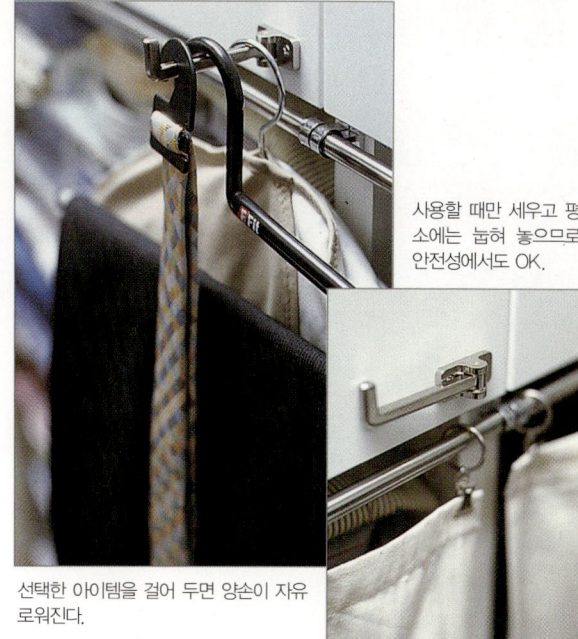

사용할 때만 세우고 평소에는 눕혀 놓으므로 안전성에서도 OK.

선택한 아이템을 걸어 두면 양손이 자유로워진다.

남성 셔츠는 깃이 높으므로 서로 교차시켜 놓으면 공간을 절약할 수 있다.

Ⓒ 먼지가 쌓이기 쉬운 철제 바구니에는 속 케이스를

슬라이드 방식으로 넣고 꺼낼 수 있는 철제 바구니. 엄청난 수납력을 가지고 있다.

먼지 방지를 위해 안쪽에 직접 만든 속 케이스를 넣었다. 플라스틱 파일 등에 사용되는 반투명 소재를 선택했다.

Point

양말과 스타킹은 천 원 바구니에 수납

여기저기 굴러다니기 쉬운 양말과 스타킹은 바구니에 수납한다. 새 스타킹은 패키지째 세워서 보관.

박스 수납 시에는 라벨을 붙여 내용을 명기

먼지가 묻는 것을 막고 미관을 위해 직접 만들 커튼을

문이 있으면 열고 닫기 번거롭지만 커튼을 달면 가볍게 열고 닫을 수 있다.

만드는 방법 P.118

Point 티셔츠는 세워서 수납하면 일목 요연

티셔츠를 철제 바구니에 수납할 때는 겹쳐서 넣으면 원하는 것을 찾기 어려우므로 세워서 넣는 것이 기본.

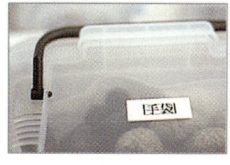

물건을 박스에 수납할 때는 내용물이 보이는 플라스틱 케이스를 이용한다. 내용을 명기한 라벨을 붙여 두면 완벽하다.

D

① ②
④
③

상단은 정장 하단은 재킷으로 나누어 남편의 정장과 재킷을 수납했다. 오른쪽 1/3은 곤도 씨를 위한 예비 공간.

❶ 슬라이드 행어를 달아 안쪽을 활용

안쪽까지 빼낼 수 있는 슬라이드 행어와 전용 후크를 병용하여 넥타이를 정리했다.

❷ 모자는 냄비 뚜껑 걸이에 건다

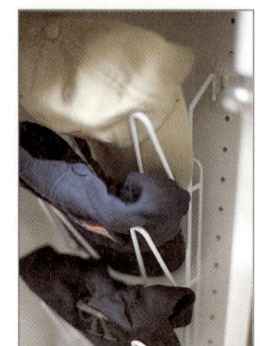

모자는 지정석을 만들기 어려운 아이템이다. 주방에서 쓰는 냄비 뚜껑 걸이가 안성맞춤이다.

❸ 모양 유지를 위한 속도 정 위치에 대기

전에 살던 집에서 사용하던 수제 속. 언제든 사용할 수 있도록 준비 완료 상태.

Point 와이셔츠깃에 속을 넣어 모양을 유지

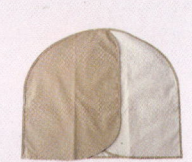

낡은 스타킹을 잘라 그 속에 티셔츠 등의 천 조각을 넣고 양끝을 묶으면 된다.

셔츠를 수납할 때 그대로 겹쳐 놓으면 깃 모양이 흐트러지기 쉬운데, 이 수제 속을 이용하면 모양을 유지할 수 있다.

This is Convenient!

곤도 씨네 드레스 룸의 필수 아이템. 양복 모양이 변하는 것을 막기 위해 입체적으로 설계했다. 가벼워서 다루기 편하고 가격도 저렴하다. 재킷 스톱47 각 ￥520 : 싱코행어

면 혼방 양복 커버. 튼튼하고 감촉이 좋은 데다 넣고 꺼내기도 편하다. 워시워크 플러스 하프커버 60×50cm 2 장 세트에 ￥1,575 : 에이원

❹ 유사시에 필요한 장례용품과 제사용품은 세트로 한곳에

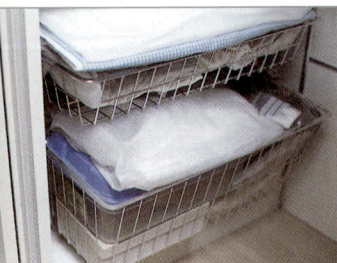

곤도 씨와 남편의 것을 일괄 수납. 상자와 부직포를 사용하여 부피를 줄였다.

부의금 봉투와 검은 스타킹 등 빠뜨리기 쉬운 아이템도 상비. 한꺼번에 넣어 두면 밖에서 급히 필요할 때도 가족에게 갖고 오게 할 수 있다.

넥타이와 와이셔츠까지 구비해 놓은 남편용 세트. 부의금 봉투는 영전과 불전의 2종류를 준비.

◀ 이 세트는 곤도 씨의 것이다. 구두와 가방 외의 소품은 패스너가 달린 봉투에.

옷이 상하는 것을 막아 주는 방충제는 효과적인 위치에 놓을 것

방충제를 넣어 놓는데 양복을 넣고 꺼낼 때 떨어지거나 교환 시기를 놓치면 효과를 발휘할 수 없다. 지정석을 마련해 두면 문제없다.

예복 등의 중요한 옷은 길이가 길더라도 완전히 감싸는 커버 타입이 편리하다.

옷걸이에 달 때는 사무용 더블클립에 방충제를 끼워서 걸어 둔다.

문 뒤쪽을 잘 활용했다. 접착식 후크에 걸었다. 이렇게 하면 교환 시기도 쉽게 확인할 수 있다.

와이어 랙에도 역시 사무용 클립을 다는 것이 좋다. 분실될 염려도 없다.

곤도 씨의 공간. 편리할 뿐만 아니라 보기 좋은 외관도 눈길을 끈다. 왼쪽 1/3은 가방 & 액세서리 코너.

❶ 가방 등의 소품은 전용 코너를 만들어 잘 보이게

맨 밑의 선반에는 브래킷과 파이프를 사용하여 직접 가방 걸이 코너를 만들었다.

기울어지지 않도록 L자형 아크릴판과 뗐다 붙였다 할 수 있는 양면테이프로 칸막이를 만든다.

🔨 **만드는 방법**
P.118

❷ 바퀴 달린 발판이 있으면 높은 곳도 문제없다

> 올라서면 멈추니까 안전해요.

중량이 가해지면 바퀴 부분에 달린 스프링이 스토퍼가 되어 정지하는 구조다.

발판을 준비해 두어 천장까지의 공간을 효과적으로 이용할 수 있다.

원하는 곳에 칸막이를 설치할 수 있고 위치를 변경하는 것도 간단하다. 사이즈가 다양하므로 선반에 맞는 것을 고르면 된다. PS 칸막이판 ¥336 : 도큐핸즈 신주쿠점 뗄 수 있는 양면 게시용 테이프 ¥367 : 스미토모3M

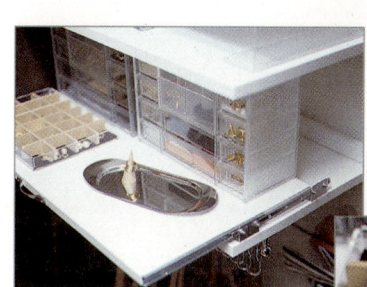
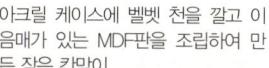

🔨 **만드는 방법**
P.117

아크릴 케이스에 벨벳 천을 깔고 이음매가 있는 MDF판을 조립하여 만든 작은 칸막이.

자질구레한 액세서리도 슬라이드식 선반을 이용하면 된다. 수납 케이스 : 후도기연

This is Convenient!

의류와 소품 등을 정리 정돈하는 데 요긴한 아이템. 사용하지 않을 때는 접어서 부피를 줄인다. 핏츠 유닛 면 상자 No.5 W27×D35×H16cm 오픈 가격 : 덴마

❸ 시계와 선글라스는 컬렉션처럼

없어지기 쉬운 아이템인 만큼 위치를 확실히 정해 두는 것이 중요하다. 싱코 행어의 전용 케이스에 넣어 디스플레이.

❹ 원하는 무늬를 쉽게 찾을 수 있도록 슬라이드 식으로

▶ 스카프는 접은 자국이 나지 않아야 하므로 집게 달린 행어에 걸어 슬라이드 레일에 걸면 OK.

아이 방의 리폼에 응용할 수 있는
움직이는 드레스 룸

천장 높이의 수납 가구가 움직인다?
놀랄 만한 일이 벌어졌다!
드레스룸의 수납장 전체가 부드럽게 움직인다.
그 과정을 쫓아가면서 마술 같은 수납의 기술을 하나하나 살펴보자.

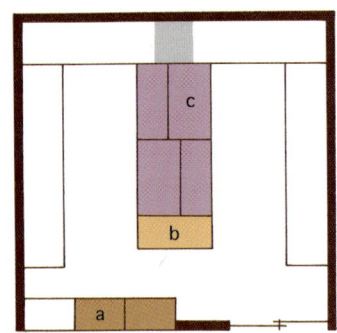

누가 이런 기발한 생각을 했을까? 커다란 가구가 자유자재로 움직인다. 바퀴를 단 조작 구조는 모두 동일하다. 방과 방 사이의 칸막이 역할도 하는 탄력적인 수납장이어서 아이의 성장에 따라 리폼에도 응용 가능하다. 가구가 움직이는 것만으로도 방이 변화하는 그 즐거운 과정을 지금부터 살펴보자.

1. 맨 처음에 a를 이동

먼저 왼쪽의 갈색 수납장, 점선으로 감싼 부분을 움직인다.

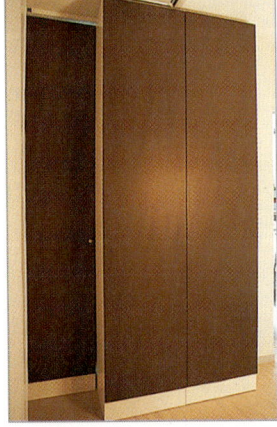

침실과 드레스 룸의 칸막이 역할을 하는 수납장. 천장과의 사이에 맞물려 있는 5cm 정도 되는 각재를 분리하면 이동이 가능하다.

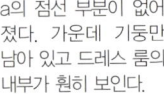

a의 점선 부분이 없어졌다. 가운데 기둥만 남아 있고 드레스 룸의 내부가 훤히 보인다.

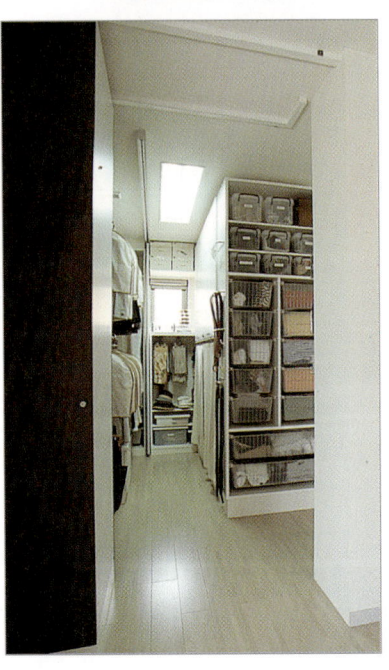

2. 그 다음에 b를 이동

맨 아랫단의 와이어 바구니를 치우면 가운데에 이상하게 생긴 구멍이 보인다.

빙글빙글~

구멍에 렌치를 넣어 돌리면 안에 들어 있는 바퀴가 밑으로 나오는 구조. a의 선반도 방법이 같다.

b의 방향을 바꾸고 1에서 비워 놓은 공간을 통해 침실로 이동. 바퀴가 달려 있어 가볍게 움직인다.

3. 마지막으로 c를 이동

스르르~

마지막으로 큰 수납장을 옮길 차례. 가볍게 밀면 무리 없이 움직인다.

정말 쉬워요!

순식간에 밖으로. 정말 간단하다. 이렇게 해서 드레스 룸이 텅 비었다.

넓고 상쾌해요.

임시 주택에서 지내는 동안 의류는 트렁크 룸에

몇 달간 지낼 임시 주택에는 여유 공간이 없으므로 꼭 필요한 것만 갖고 가기로 했다. 철 지난 의류와 가전 용품, 그리고 손님용 이불처럼 임시 주택에서 사용하지 않는 것은 트렁크 룸에 보관했다.

▼ 폭 110cm, 안길이 190cm. 선반과 파이프가 설치되어 있어 의류 수납은 옷걸이에 건 채 그대로 가능하다.

▲ 반입용 웨건에 싣고 영차, 영차. 이 트렁크 룸에는 엘리베이터까지 있어 수월하게 짐을 운반할 수 있다.

이동한 선반은 이것!

드레스 룸에서 내 온 abc가 여기에. 아이 방을 리폼할 때 그 활약이 기대되는 수납 가구들. 마노네에서 판매 예정.

친지와 친구들이 자유롭게 찾아올 수 있는
시어머니 방

10년 전부터 시어머니와 함께 살고 있는 곤도 씨. 그 경험을 살려 여기저기 노인을 배려한 아이디어가 가득하다. 무턱대고 문턱을 없애는 배리어 프리(barrier free) 방식이 아닌 집에 맞는 스타일을 도입했다.

햇살도 잘 들고 자식들과 지내기 적당한 3층에 방을 배치

서로 지나치게 간섭하지 않고 적당한 거리를 유지하는 것이 10년간 시어머니와 함께 살면서 터득한 지혜. 설계 시 고심 끝에 3층으로 방을 정했다. 시어머니가 외롭지 않도록 사람들이 드나드는 게스트 룸 앞에 방을 배치한 것도 곤도 씨의 배려.

생활 시간대는 다르지만 서로의 안부를 확인하기 위해 아침 식사만큼은 반드시 2층 주방에서 함께 한다.
미래에 대비하여 변기와 욕실을 방 안에 만들 수 있도록 공사 단계에서 배관을 마쳤다.

대나무 바닥의 부드러운 촉감, 건강에도 좋다!

천연 소재의 부드러운 촉감을 느낄 수 있는 바닥재를 방 남쪽의 테라스에 깔았다. 습기 흡수 효과가 있는데다 발에 닿는 감촉도 좋다. 바닥재 제조사인 아사히우드테크에서 시험 제작한 것을 발견!

방과 연결된 테라스는 시어머니를 위한 응접실이다. 갑자기 손님이 찾아와도 허둥지둥 방을 정리할 필요 없이 이곳으로 안내하면 된다. 미래를 위해 여기에 화장실을 들이기 위한 배관을 마쳐 놓은 상태.

시어머니와 자식들을 연결하는 핫라인

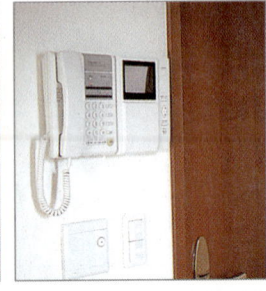

침대에서 손이 닿는 위치에 있는 비상 버튼. 사용할 일이 없으면 좋겠지만 달아 두면 자식들에게 안심이다. 홈 텔레폰과 연결되어 있다.

방의 입구 근처에는 작업실이 있다. LDK, 침실로 바로 연결되는 홈 텔레폰을 설치했다. 사생활 존중을 위해 어머니 전용 전화도 마련했다.

3층

엘리베이터

욕실
세면장
게스트룸
다다미 방
시어머니 방

탈취 효과가 있는 벽지

교환과 손질이 쉬운 벽지를 선택, 탈취 효과가 있으므로 노인 방에 강력 추천한다.

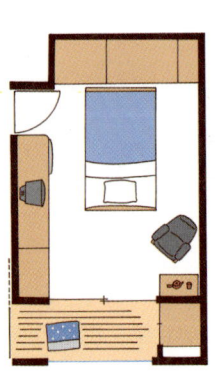

바닥 난방에는 리폼이 자유로운 제품을 선택

추위를 많이 타는 어머니를 위해 바닥 난방은 필수. 다다미를 깔 경우를 대비하여 간단히 교체할 수 있는 제품을 선택했다. 시공이 간단해서 1~2일이면 OK. 저렴한 시공비와 난방비도 장점이다.

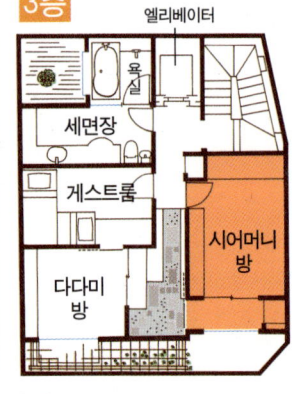

가구가 없으면 이런 느낌

테라스 쪽에서 보았을 때의 느낌

문을 열면 불이 켜진다

하단에는 자주 입는 것 상단에는 철 지난 의류를 수납. 가구 제조업체와 곤도 씨가 협력하여 시어머니가 사용하기 편한 옷장을 만들었다.

문을 열면 센서가 반응하여 파이프에 있는 불이 켜지기 때문에 옷을 고르기 편하다.

서랍은 시선 아래쪽에 설치하는 것이 기본. 시선보다 높으면 잘 보이지 않아서 사용하기가 불편하다. 시어머니의 키에 맞춘 수납 공간.

시어머니도, 저도 청소하기가 수월해요.

침대의 발쪽에는 위에서 열고 닫을 수 있는 수납 공간이 있다. 자주 꺼낼 필요가 없는 계절별 모포나 이불 등을 넣는다.

항상 청결한 상태를 유지할 수 있도록 청소하기 편리하게

침대는 벽 쪽에 붙이는 것이 일반적이지만 이 방은 다르다. 양쪽에 사람이 들어갈 공간을 비워 두면 침대를 손질하기 편하기 때문이다.

일본 헌터 더글러스의 면 블라인드는 먼지가 들러붙지 않아 청소기 손질만으로도 OK. 상하 양쪽에서 개폐할 수 있어 여는 방식을 자유롭게 선택할 수 있다는 것도 장점.

며느리로서 세심한 배려도 잊지 않았다

노인이 아니더라도 가구 모서리에 부딪쳐 여기저기 멍드는 경우가 종종 있다. 카운터의 모서리를 둥글게 깎아 안전을 생각했다.

손님 접대를 위한 미니 냉장고를 놓았다

어머니의 친구나 손자가 놀러왔을 때 2층 주방까지 가지 않고도 간단한 대접 정도는 할 수 있도록 미니 냉장고를 마련했다. 냉장고가 바로 옆에 있어서 평소에도 매우 편리하다는 시어머니의 평.

집안 곳곳에 시어머니에 대한 배려가 가득

곤도 씨의 사고방식은 늘 현실적이다. 거리낌 없이 속내를 털어놓을 수 있는 모녀 같은 두 사람.
상식에 구애받지 않는 진정한 배려가 무엇인지를 보여 주는 아이디어가 가득하다.

홈 엘리베이터

미래를 위해 이것만은 문턱 없이

시어머니의 방을 3층으로 정하면서 엘리베이터를 설치하기로 했다. 계단을 오르락내리락하는 일이 없어진 만큼 마음이 편해졌는지 이 집에 살기 시작하면서 어머니의 행동 범위가 훨씬 넓어졌다고 한다.

> 모든 조작이 원터치로.

층수를 표시하는 숫자가 크고, 버튼도 누르기 쉬운 형태. 필요한 것만 알기 쉽게 표기해 놓은 조작 패널에 시어머니도 만족.

현관의 단차와 벤치

전도 방지를 위해 평소에 단련이 되도록 일부러 만든 18cm짜리 단차

사람은 나이가 들면서 시계가 흐려지는데, 단차가 있으면 음영이 확실하여 잘 넘어지지 않는다. 이것은 곤도 씨가 접골사로 일할 때 터득한 것. 또한 다리를 들어올리는 습관이 배어 있으면 외부에서의 전도 사고도 방지할 수 있다고 한다. 이 두 가지 이유에서 18cm짜리 단차를 놓았다.

> 힘들이지 않고 일어설 수 있어요.

느긋하게 앉아 쉴 수 있는 벤치는 신발을 신고 벗거나 귀가 후 잠시 휴식을 취할 때 요긴하다. 목제 손잡이가 앉고 일어설 때 몸을 지탱해 준다. 벤치 아래에는 슬리퍼를 수납했다.

이것이 18cm짜리 단차. 일반 단차보다 6cm 정도 높다. 시어머니의 건강을 위한 것이다.

24시간 원격 감시 시스템으로 안심

엘리베이터 같은 건물 설비 기기의 가동 상태와 방범·방재를 위해 24시간 가동되는 원격 감시 시스템. 제어는 히다치 빌딩 시스템의 관제 센터에서 해 준다. 고장으로 엘리베이터에 갇혀도 신속히 구출된다. 시어머니 혼자 계실 때도 안심.

홈 엘리베이터의 보급률과 그 실용도 – 일본의 예

홈 엘리베이터는 고령자나 몸이 불편한 사람에게 생활의 폭을 넓혀 주는 고마운 시설이다. 보급률을 살펴보면 80년대에는 1,000대 이하였던 설치 대수가 2000년에는 9,549대로 급증했다. 대부분 고령자를 위해 설치하지만 3층 주택이 증가한 것도 원인으로 꼽을 수 있다.

● 홈 엘리베이터를 설치한 이유와 설치 후의 느낌

Q1. 홈 엘리베이터를 도입한 이유는 무엇인가? (복수 응답)

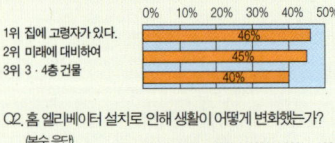

	0%	10%	20%	30%	40%	50%
1위 집에 고령자가 있다.						46%
2위 미래에 대비하여						45%
3위 3·4층 건물						40%

Q2. 홈 엘리베이터 설치로 인해 생활이 어떻게 변화했는가? (복수 응답)

	0%	20%	40%	60%	80%	100%
1위 짐을 운반하기가 편해졌다.						82%
2위 상하이동이 편해졌다.					64%	
3위 안전하게 이동할 수 있다.		29%				

설치 이유는 '고령자를 위해서'가 압도적이지만 설치 후에는 가족 전체의 생활을 편리하게 하는 수단이 되고 있음을 알 수 있다.

노인이 있는 가정에서는 욕실 온도 관리가 중요

욕실에서의 예기치 않은 사고는 날씨가 추울수록 일어나기 쉽다. 가정 내 사고로 사망하는 경우의 1/3이 목욕 중에 일어난다는 결과가 있을 정도다. 그 원인은 전도와 뇌혈관 장애 등으로, 욕실이 추워서 발생하거나 혈압 변화에 의한 것으로 추측된다. 고령자나 혈압이 높은 사람이 있는 경우 욕실 온도 관리는 매우 중요하다.

● 탈의실에서 욕실로 이동할 때의 온도 감각과 쾌적 지수

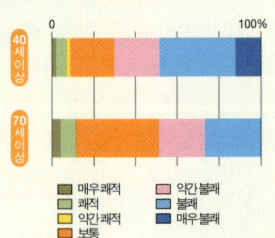

	0			100%
40세 이상				
70세 이상				

■ 매우쾌적   ■ 약간불쾌
■ 쾌적   ■ 불쾌
■ 약간쾌적   ■ 매우불쾌
■ 보통

같은 온도로 설정되어 있는 탈의실에서 욕실로 이동할 때 추위를 어느 정도나 느끼는지를 물었다. 70대가 40대에 비해 온도 감각이 둔하다는 것을 알 수 있다.

손잡이

신발을 벗고 일어설 때 오른손으로 가볍게 손잡이를 잡는다. 약간의 지지대만 있어도 동작이 훨씬 편해진다.

욕조에 2군데, 세면대에 1군데 손잡이를 설치했다. 실제로 욕실에 들어가 그 모습을 살핀 뒤에 설치한 것이라 사용도가 높다.

조금 살아 보고 나서 필요한 곳에 설치

몸을 지지하는 장치가 있으면 유사 시 사고를 막을 수 있다. 곤도 씨가 추천하는 것은 손잡이가 필요한 장소를 확인해 두고 조금 살아 본 뒤에 최적의 위치에 설치하는 방법. 사용하는 사람의 입장에서 생각하는 것이 진정한 배려다.

변기 옆에 단 작은 손잡이. 이것도 욕조와 마찬가지로 입주 후 시어머니의 요청에 의해 설치한 것이다.

욕실 · 세면장

노인 사고가 많이 나는 곳이므로 주의해야 한다

욕실은 전도 사고나 뇌혈관 장애 등 노인 사고가 많이 나는 공간이다. 혼자만의 공간인 데다 옷을 벗고 있는 만큼 작은 실수가 대형 사고로 이어지는 경우도 많으므로 특별히 주의해야 한다.

◀ 욕실 기둥을 이용해서 안쪽 길이를 동일하게 하여 앉을 곳을 만들었다. 앉은 채 엉덩이를 움직여 욕조에 들어갈 수 있으므로 움직이는 데 무리가 없다.

겨울철에 특히 사고가 많은 곳이므로 예방을 위해 바닥에도 난방을 했다. 세면대에도 에어컨을 달아 더위에 대비했다.

비눗물 때문에 미끄러지기 쉬운 샤워 공간에는 까칠까칠한 세라믹 타일을 깔았다. 세라믹 타일 : 애드반

변기

뚜껑을 열고 닫는 것은 물론 세정 과정이 모두 자동이라 편리

지금은 일반화된 자동 개폐 세정 변기. 시어머니를 위해 편리함과 디자인을 모두 갖춘 최신 제품을 선택했다. 허리를 구부려 뚜껑을 열고 닫을 필요가 없으므로 한밤중에 용변을 볼 때도 안심이다.

발밑등

밤에 화장실을 갈 때도 이것만 있으면 안심!

방문을 열면 감지 센서가 달린 라이트가 켜진다. 발 아래쪽이 밝아서 안심하고 움직일 수 있다. 발밑 등은 예전부터 시어머니가 이용해 온 것으로, 새 집에서도 활약 중.

비상 버튼

욕실　　　　　화장실

긴급한 상황에 대비할 수 있다

어른과 함께 사는 경우라면 긴급 상황에 대비해 두는 것이 필수다. 가능하면 사용할 일이 없으면 좋겠지만 서로를 위해 설치해 두는 것이 좋다. 특히 서로 생활 공간이 다를 때 안심이다. 욕실과 화장실의 비상 버튼은 부부의 침실과 거실로 통한다.

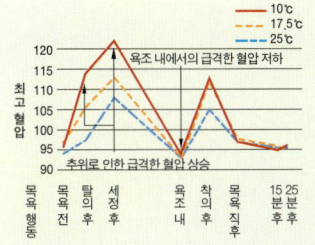

● 욕실 온도에 따른 목욕 시 혈압 변화

— 10℃
--- 17.5℃
··· 25℃

욕조 내에서의 급격한 혈압 저하

추위로 인한 급격한 혈압 상승

최고혈압 120 / 115 / 110 / 105 / 100 / 95

목욕행동 / 목욕 전 / 탈의 후 / 세정 후 / 욕조의 / 욕조 내 / 착의 후 / 목욕 직후 / 15분 후 / 25분 후

목욕 중에는 혈압 변동이 급격해지는데, 욕실 온도가 낮을수록 그 변화 폭이 커진다. 고령자가 있는 가정에서는 온도를 적당히 조절하는 것이 필수.

오토바이를 좋아하는 취미를 살린 지하실
남편의 방

'남자의 은신처'를 떠올리며 만든 지하 공간.
비밀 장소를 만들어 놓고 좋아하던 어린 시절의 추억을 떠올리며 만든 공간이다.
집을 지을 때는 공간이 좁아도 남편의 방을 꼭 만들어 줄 것을 제안한다.

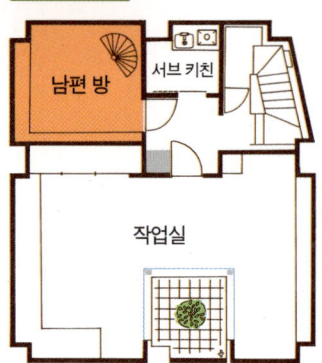

지하 1층

남편 방 / 서브 키친 / 작업실

남편 방

언제든 취미를 즐길 수 있도록 차고와 연결했다

일에서 해방되었을 때 부담 없이 자유로운 시간을 보낼 수 있도록 만든 방. 남편이 좋아하는 물건으로 가득한 이 공간은 현관을 통하지 않고 차고에서 직접 갈 수 있어 마치 비밀 기지 같은 느낌이 든다. 남편은 이 방에서 더할 나위 없이 행복한 시간을 보내고 있는 듯하다.

차고 구석에 만들어진 맨홀처럼 생긴 입구는 잠수함의 해치를 떠오르게 한다. 뚜껑을 열고 나선형 계단을 내려가면 모두가 선망하는 '남자의 방'이 나타난다.

차고 구석에 있는 오토바이 주차장. 그 안쪽에 있는 반원형 뚜껑은 경주용 차의 차체에 사용되는 카본 플레이트로 만들어 쉽게 들어올릴 수 있다. 처음에 목표한 대로 비밀 통로가 완성되었다.

작업대를 이동시켜
가끔씩 티타임을 갖기도 한다

차고를 통해 내려와 정교한 작업에 집중하기 위해 만든 방. 공구를 펼쳐 놓아도 충분한 커다란 작업대를 이동시키면 마주볼 수 있는 테이블로 변신! 오토바이 동호회 사람들과 DIY를 하기에도 편리하다. 바퀴 달린 이동식 가구가 여기서도 위력을 발휘한다.

작업대를 벽에 딱 붙인 상태. 컴퓨터 작업을 하기에 적당하다. 못 다한 일을 처리할 때 능률적이라고 한다.

작업대를 앞쪽으로 잡아당기며 스르르 이동한다. 오른쪽의 길쭉한 선반을 따라 당기면 부드럽게 움직인다.

작업이 일단락되면 짐깐 휴식을 취한다. 공구를 정리하지 않아도 되는 넉넉한 크기의 작업대라서 유용하다.

인테리어에도 신경을 쓴 '어른 방'으로

누구에게 보여 주기 위한 공간은 아니지만 그렇다고 인테리어에 소홀할 수는 없는 일. 방주인의 취향에 맞게 인테리어를 마무리하면 그 공간에 머무는 동안 행복함을 느낄 수 있다. 전체적인 색조와 바닥, 벽, 조명 모두 남편이 공을 들여 선택했다. 남편이 여기에 머무는 시간이 길어질 것 같다.

언뜻 보면 콘크리트를 바른 것으로 착각하게 만드는 벽지. 실물과 구별되지 않을 만큼 정교하다.

심플한 디자인으로, 지하 이미지에 딱 맞는 조명 기구. 간접 조명이 악센트 역할을 한다.

벽걸이형 수납장. 자동차나 오토바이 마니아가 동경하는 체커 블랙의 이미지로, 문을 흑백 체크 무늬로 꾸몄다.

인테리어는 오토바이 색깔에 맞춰 검은색 노란색, 회색으로 통일했다. 노란색과 회색 2가지 색상을 사용한 수납장의 문. 발상이 독특하다.

바닥에는 점포용 바닥재를 깔아서 신발을 신은 채 움직여도 된다. 널빤지 폭이 넓어 손질하기 쉽다는 것도 장점.

공구와 헬멧은 보이는 수납,
자질구레한 물건은 감추는 수납

공구를 장식하는 시스템 수납. 베이스가 되는 스틸 패널은 설치가 간편하다.

어디까지나 취미 생활을 위한 공간이므로 '보일 수 있는 것은 가능하면 장식해 놓자.'는 것이 모토. 방에 들어서는 것만으로도 가슴 뛰는 느낌이 들도록 하기 위해 보이는 수납을 선택했다. 반대로 자질구레한 물건은 파일이나 수납 케이스를 이용해서 감추는 수납을 했다.

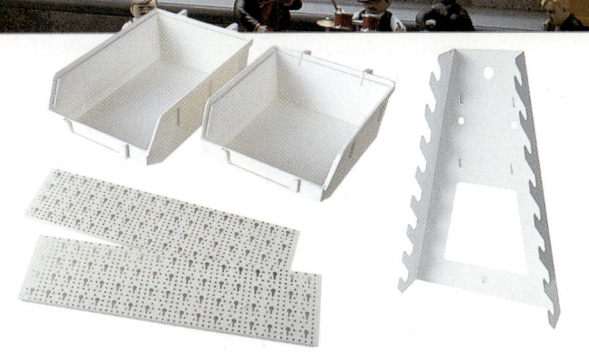

자유롭게 설치할 수 있는 부속물은 그 종류가 매우 다양하다. 스패너용 홀더(오른쪽), 자질구레한 물건을 수납하는 미니 박스(왼쪽 위) 등. 스틸 패널(왼쪽 아래) 등. 스가츠 네공업의 상품

각각의 공구에 맞는 부속물이 갖춰져 있어 전시하듯 늘어놓으면 인테리어의 일부가 된다.

열쇠 구멍 모양으로 구멍이 뚫려 있는 것은 DIY를 위한 것이다. 부속물을 구멍에 꽂아 고정한다.

마노네의 레일 달린 패널이 여기에도 등장. 오토바이 관련 아이템을 트레이와 부속물에 장식하면서 수납했다. 부속물을 장착하는 방식은 마음대로 정하면 된다.

선반 폭과 높이에 맞춰 수납 용품을 조달. 코드와 CD는 플라스틱 박스에 수납한다. 시스템 박스 : 덴마

개방형 선반에 꽂는 파일은 디자인과 색상 선택에 신중을 기했다. 테마 컬러인 검은색과 회색을 여기에도 이용했다.

환경 친화적인 소재를 사용하여 종이로 만든 제품. 물걸레로 닦아낼 수 있는 탁월한 아이템이다. 박스 파일(왼쪽)과 클리어 파일(가운데) 등이 다양하게 갖춰져 있다. G클라세의 인기 상품

작업대 끝에 뚫려 있는 두 개의 구멍은 쓰레기 투입구다. 가연성과 불연성으로 나누었다. 밑에 있는 쓰레기통 : 요시가와구니공업소

91

KAN
KAN
곤도노리코와 공동개발한 코오롱 수납비법

질감과 관리의 편의성에 중점을 둔
맞춤 상품

바닥 · 벽 · 건구 · 조명

  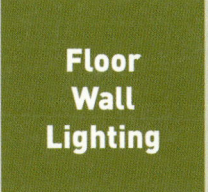 

Floor
Wall
Lighting

기분 좋은 자연의 느낌을 집안에 들인다
빛 · 바람 · 식물

매일 쾌적하게 생활하기 위해 우리는 자연에서 많은 것을 얻고 있다.
창을 통해 햇빛과 바람이 들어오고 하루의 생활이 시작되는 바로 이곳.

도시에서도 자연과의 소통이 필요하다

"초록의 대자연 속에서 지내는 기분을 맛볼 수 있다면 하루하루가 얼마나 행복할까요? 일상에 자연을 들여놓기 위해 최선을 다했어요. 전 이걸로 만족합니다." 라고 말하는 곤도 씨.
도시에 사는 이상 빛의 제약을 받는 것은 어쩔 수 없는 일. 사방을 건물이 둘러싸고 있기 때문이다. 집을 지으면서 원하는 대로 모두 할 수 없다는 것을 철저히 깨달은 곤도 씨. 그래서 설계 단계에서부터 바람이 부는 길을 염두에 두고 '이 창을 열면 들어온 바람이 어느 방향으로 나가지?' 등 여러 가지를 따져 보았다고 한다. 제한된 공간과 구조 속에서 자연과 소통하기 위해 노력을 아끼지 않은 것이다. 그 결과 쾌적한 삶을 위한 공간으로 탄생했다.

손질이 간편한
Green

욕실 테라스의 화분으로 몸과 마음에 휴식을

욕조와 같은 높이의 목제 테라스, 욕조에 몸을 담그면 눈앞에 초록색 화분이 보여 몸과 마음을 상쾌하게 해 준다.

현관의 심벌 트리

정원을 꾸미는 대신 심벌 트리를 심었다. 빨리 자라서 2층 거실에서도 볼 수 있길 기대한다.

식물의 치유 효과로 지하의 폐쇄적인 느낌을 해소

지하 작업실에서 보이는 한 그루의 나무. 지상의 빛이 미치도록 설계되어 있어 잘 자라고 있다.

물을 줘야 하는 번거로움이 적은 다육 식물

화분에 물 줄 틈도 없이 바쁜 사람을 위한 것 분무기로 물을 뿌려 주면 음이온 효과가 있다는 산세비에리아 스타키

욕실의 장식 선반에는 덩굴 식물을

이끼 뭉치에서 왕성하게 자라고 있는 초록색 잎. 물만 자주 주면 햇빛이 들지 않는 곳에서도 OK.

세면대에는 이끼가 적합

화분용으로 구멍을 뚫어 놓은 욕실의 유리 선반. 욕조에 몸을 담근 채 생명력 강한 아이비를 감상한다.

빛으로 샤워를 즐긴다
톱 라이트 Top Light

침실의 샤워 룸을 보다 쾌적하게

머리 위에서 내리쬐는 빛을 받으며 행복한 기분으로 샤워를 한다. 기능을 우선한 작은 공간에 자연이 빛은 최고의 선물.

유리 너머의 빛으로 실내를 보다 환하게

천장과 벽에 사용되는 건축용 유리블록은 곤도씨가 애용하는 아이템. 빛이 필요한 현관이나 계단에 배치하여 부드러운 빛이 매력적인 공간으로 만들었다.

계단까지 그림이 되는 감각적인 공간

특징 없는 공간이 되기 쉬운 계단이 천장에서 들어오는 빛에 의해 생기가 넘친다. 빛과 그림자의 대비가 마치 회화를 보는 듯하다.

바람의 숨결을 소중하게
창문 Window

침실 창에는 천으로 된 블라인드를

공기의 흐름이 중요한 침실은 창문이 포인트. 세로형 블라인드가 바람에 흔들리는 상쾌한 공간이다.

통풍을 방해하지 않는 작은 창의 카페 커튼

실내에서 세탁물을 말리는 세탁실에서는 바람이 통하는 길을 막아서는 안 된다. 커튼의 움직임으로 바람의 흐름을 느낀다.

편리함과 신소재가 플러스된
바닥 · 벽 · 문

집을 구성하는 중요한 아이템이므로 신중에 신중을 기했다.
이제부터 그 안목을 확인해 보자.
환경 친화적인 소재와 새로운 소재에도 주목할 것!

좋은 물건을 골라
소중하게 사용하는 것이 기본

상당히 넓은 면적을 차지하는데도 불구하고 다른 사람에게 선택을 일임해 버리는 경우가 많은 바닥과 벽. 하지만 곤도 씨는 집주인의 감각이 가장 잘 드러나는 부분이라는 생각으로 매우 신중하게 선택했다. 한번 설치하면 반영구적으로 사용해야 하는 만큼 좋은 소재를 고르는 것이 포인트. 좋은 소재를 사용하면 작업 과정에도 애정이 담겨 완성도가 높아진다. '일단 내 것으로 정하면 소중히 다루기' 가 곤도 스타일!

계단 뒤쪽에는
소리를 흡수하는 보드 사용

계단의 방음과 미관을 위해 에구치 씨가 제안한 것. 네모난 패널 모양의 보드를 붙이는 방식에 변화를 줬다.

거실의 비스듬한 벽은 석재로 마무리

이웃의 일조량을 배려한 비스듬한 벽은 예전에 출장지에서 접한 찻집의 석벽에서 아이디어를 얻은 것이다. 거실에 악센트 역할을 한다.

경사진 벽에 판자를 붙여
악센트를 주었다

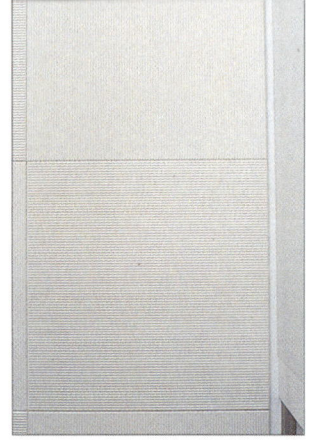

침실의 경사진 벽을 활용하여 침대의 헤드 보드와 동일한 판자를 붙임으로써 통일감을 주었다. 에구치 씨의 아이디어로 탄생한 공간.

지하 작업실에는 습기흡수
효과가 있는 벽재를

실내의 습도에 따라 습기를 흡수하거나 방출하는 건강 소재 사용 습도를 조절하여 늘 건강하고 쾌적한 실내 환경을 유지해 준다. INAX 에코 캐럿.

비용이 저렴하고
손질이 간단한 칠벽

내구성이 강하고 때를 잘 타지 않으며 손질하기도 쉬운, 삼박자를 모두 갖춘 도장 벽재 오른쪽과 같은 아이카공업의 '실키 팔레트'. 대부분의 벽에 이것을 채용했다.

외용 도장 벽재를
실내에 사용

실내 분위기와 어울리고 완성도가 높은 도장 벽재는 아이카 공업의 '졸리 퍼트'. 색다른 분위기를 풍기기 때문에 3층 복도에 안성맞춤.

인테리어의 일부로 선택한
문 Door

유공 보드를 문의 소재로 선택

문을 방의 액세서리로 생각하여 안과 밖을 다르게 꾸민 독특한 아이디어. 세탁실 안쪽은 줄무늬로.

벽재로 쓰이는 유공 보드를 유리와 샌드위치 형태로 만든 문. 작업실에 사용.

안과 밖의 문양을 다르게

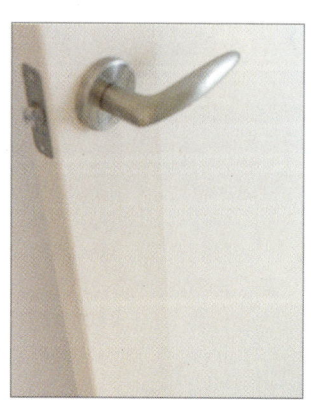

좋은 감촉을 느끼고 싶은
마루 Floor

색상 선택에 신중을 기한 침실 바닥

수많은 색 중에서 취향에 맞는 색을 고를 수 있는 시스템을 도입한 회사의 제품을 골랐다. 어떤 색과도 잘 어울리는 화이트 & 그레이를 주문.

"여기서는 맨발로 걷고 싶어요."라고 말하는 곤도 씨, 거실에는 모든 가구와 궁합이 맞는 색상을 선택했다. 침실과 같은 제품.

자갈을 깐
독특한 아이디어

복도에 자갈과 돌을? 듣고 한 번 놀라고, 보고 또 한 번 놀라는 화제의 공간. 양쪽에는 대나무 바닥재를 깔았다.

습기 흡수 효과가 뛰어난
대나무 바닥

자연 소재인 대나무에서 느낄 수 있는 부드러움. 아사히우드테크의 시작품을 3층 테라스에 채용.

강도가 뛰어난
점포용 바닥재

쉽게 흠집이 나지 않아 신발을 신고 다녀도 된다. 차고에서 바로 연결되는 남편 방에 선택.

바닥 난방을 위한
바닥재

시공이 간편한 도쿄가스의 바닥 난방 시스템 '하야와자'에 대응하는 것이 이 바닥재.

인테리어는 물론 비용 절감도 중요한 포인트

조명

집을 짓는 과정에서 아무래도 뒤로 미루게 되기 쉬운 조명.
입주 뒤에는 더욱 손을 대기 어려우므로 미리 배선 공사를 해 두는 것이 좋다.
기구를 설치하는 방법에 따라 비용을 대폭 절약할 수 있다.

조명은 우리의 일상과 매우 밀접하다

무심코 지나쳐 버리기 쉬운 엑스트라 같은 존재 조명. 하지만 조명은 일상과 매우 밀접하게 연결되어 있다. 빛을 활용하는 방식에 따라 기분이 확실히 달라진다는 것을 느낄 수 있을 것이다.

움푹한 벽면을 활용한 니치의 조명 테크닉

정육면체 니치를 세 군데에. 각각 위쪽에서 빛이 나온다. 1층에서 지하로 내려가는 계단.

니치를 만들어 빛으로 인테리어를 해 보자는 곤도 씨의 아이디어를 따른 것.
1층에서 2층으로 가는 계단.

건축가 · 조명 전문가와 의견 교환을 하면서 계획

원래 조명에 관심이 많았던 곤도 씨. 이번에 집을 만들면서 다양한 구상을 내놓았으나, 그러한 자신의 생각에 프로의 체크&어드바이스를 구하는 의미에서 에구치 씨와 조명 전문가인 야마나카 도시히로 씨의 힘을 빌리기로 했다. 완성된 플랜을 보고 깜짝 놀라고 만 곤도 씨! 설치하는 기구수가 곤도 씨가 어림잡은 수의 절반 정도에 불과했던 것. 닥치는 대로 조명을 설치하는 것이 아니라 빛의 연출을 즐기는 방법과 빛을 비추는 방식에 의해 비용이 절감되는 원리 등 고개가 끄덕여지는 '강의'를 들으며 곤도 씨는 기대감으로 가슴이 벅차올랐다. 이렇게 해서 세 사람이 머리를 맞대고 짜낸 플랜이 드디어 완성되었다! "조명을 어렵게 생각하지 마세요. 정말이지 재미있는 세계니까요." 라는 곤도 씨.

ㄴ자형 니치는 구석 쪽을 파도 치는 모양으로 하여 빛을 굴절시켰다. 3층에서 4층으로 가는 계단.

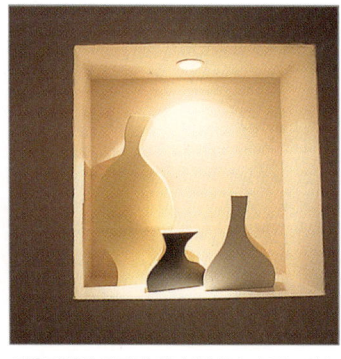

정육면체의 공간에 위에서 빛이 나오는 단순한 구조. 2층에서 3층으로 가는 계단.

다다미방 앞의 복도에 있는 니치. 천장에 설치한 스포트라이트로 빛을 연출했다.

계단을 오르내리는 일이
즐거워지는 아이디어

3층

2층

1층

계단에서 각 층으로 나가는 입구에 설치되어 있는 브라켓 라이트. 1층은 1개, 2층은 2개, 3층은 3개로, 층수를 나타내는 역할도 한다. 엔도조명

손님을 위한 조명

현관의 손님용 옷장. 일부러 바닥과의 사이에 틈을 내어 빛을 연출했다. 작은 전구가 선으로 연결되어 있는 크세논 테이프 라이트를 사용.

게스트 룸에는 3대의 침대에 각각 브라켓 라이트를 설치. 머리맡에 밝기 조절 장치가 있으며, 각도도 자유롭게 변경할 수 있다. 고이즈미산업

다다미방의 천장에도 크세논 테이프 라이트를 설치. 대자리 모양의 천장에서 부드러운 빛이 나와 방 전체에 멋스러운 분위기를 내준다.

거실에 설치되어 있는 레일 달린 패널은 홈 파티에서 손님용 미니 카운터로 쓰이기도 한다. 그런 경우에 대비하여 천장에 설치한 다운 라이트.

손님용 세면대로, 천판 밑에 조명 기구가 설치되어 있다. 유리볼이 더욱 투명하게 보인다.

방의 인상을 결정하는 조명의 효과

남편의 방은 '은신처'의 이미지
인 만큼 어슴푸레한 조명을 선
택했다. 띠 모양의 따뜻한 빛을
얻을 수 있는 리네스트라 램프.
고이즈미산업

여닫이 찬장 대신 개방형 선반을 선택한 주
방. 선반 자체에 조명 기구를 설치하여 그
밑의 장식물을 돋보이게 했다.

4층 침실의 장식 벽은 점포 등
에서 흔히 쓰이는 크세논 테이
프 라이트로 라인 모양의 빛을
연출했다.

보조 조명으로 활약하는
플로어 스탠드

종이 갓에서 새어나오는 부드러운 빛. 휴
식을 취하는 밤에는 이것으로 OK. 거실에
2대 설치. 엔도조명

스페인제로, 종이의 주름을 활용한 디자인
다다미방 앞의 복도에 설치. 엔도조명

2층의 화장실은 젖빛 유리 너
머의 언더 라이트로 '부유감'
을 표현했다. 공간이 넓어 보
이는 효과도 있다.

나무갓과 스테인리스의
조합이 세련된 분위기를
연출. 작업실에서 사용.
인터포름

에스닉 스타일로 꾸민 게스트
룸의 조연. HUG 에비스점

현관 정면의 대형 니치는 다양한 빛을 즐기는 실험 공간

'빛을 실험해 보고 싶다.'는 곤도 씨의 바람이 반영된 공간.
상하좌우에 조명 기구를 설치하여 다양한 효과를 얻을 수 있도록 했다.
공간이 넓은 만큼 백열등과 형광등의 차이도 느낄 수 있다.

석양과 같은 따뜻한 빛

부드러운 이미지를 연출하는 백라이트 기법. 양쪽에 크세논 테이프 라이트를 설치.

창백하고 날카로운 인상의 빛

음영이 분명한 환상적인 빛

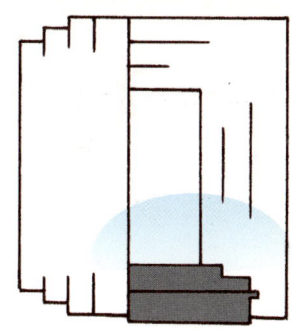

양쪽 측면과 위쪽의 다운 라이트는 백열등을, 그리고 아래쪽에서는 형광등을 비춰 색을 혼합한다. 공간이 더욱 깊어 보인다.

아래쪽 형광등을 위로 향하게 하여 창백한 빛을 강조. 음영이 잘 생기지 않아 대상을 평면적으로 보이게 하는 효과도 있다.

조명과 관련된 작은 질문

직접 조명으로는 아래쪽으로 향하는 펜던트 라이트와 다운 라이트가 대표적이다. 90~100%의 밝기가 확보되는 만큼 천장과 코너가 어두워지기 쉽다.

간접 조명으로는 위쪽을 향한 상들리에와 브라켓 라이트가 대표적이다. 천장을 비추면 높이가 강조되고 벽을 비추면 넓이가 강조된다.

백열등과 형광등은 어떻게 다른가?

가장 큰 차이는 빛의 색이다. 석양을 연상케 하는 불그스름한 빛이 백열등이고, 한낮의 태양을 이미지화한 푸르스름한 빛이 형광등이다. 백열등은 음영이 있는 입체적인 이미지를 잘 만들어 내고 마음을 평화롭게 해 준다. 형광등은 평면적인 인상이 되기 쉬운 반면 뇌를 각성시켜 주므로 작업실 등에 설치하는 것이 적합하다.

직접 조명과 간접 조명을 잘 활용하려면?

조명 기구에서 빛이 직접적으로 미치는 것은 직접 조명, 천장이나 벽에 반사된 빛으로 비추는 것은 간접 조명이다. 직접 조명은 눈을 사용하는 작업에 적합하고, 간접 조명은 차분하고 세련된 분위기를 연출하고 천장을 높아 보이게 하는 효과가 있어 거실 등에 안성맞춤이다.

상황별로 분위기를 즐기면서 전기세를 줄인다

조명 비용을 줄이는 노하우

조명 유지비를 줄이려면 전기 공사를 수반한 기구의 설치 단계에서부터 계획을 확실히 세워 효율적으로 배치해야 한다.
방 전체를 하나의 조명으로 커버하려는 것은 좋지 않다.

방 전체를 커버하는 것은 낭비. 나누어 커버하는 '일실다등' 이 기본

방에 조명 기구가 한 개밖에 없으면 켤 것이냐, 끌 것이냐의 선택밖에 할 수 없다. 야간에는 전기 없이 지낼 수 없는 만큼 결과적으로 계속 켜 놓아야 하는 상황이 되는 것이다. 게다가 방 전체를 조명 하나로 커버하려면 빛의 양도 충분해야 한다. 효율적인 방법은 '일실다등'. 즉 조명을 여러 개 설치하여 조명 한 개가 비추는 공간을 줄여 주는 것이다. 이렇게 하면 조명 한 개가 커버해야 하는 빛의 양도 줄어들고 상황에 따라 밝기도 조절할 수 있다.

사례 2

100W
60W
60W

5평의 방을 모델로 조명을 설치하는 방법에 따라 얼마나 많은 비용 차이가 나는지 살펴보자

전기세 산출 방법

1시간당 1W의 전기세
=
0.02엔

천장에 단 조명 빛은 시선 부근에서 밝기가 약해진다

천장에 아무리 밝은 등을 달아도 그 빛의 양은 시선 부근에서 감소한다. 빛을 느끼는 것은 어디까지나 시선 부근이므로 그 곳을 밝혀 주는 것이 포인트.

100W짜리 백열등이 1개, 60W짜리 백열등이 2개

100W짜리 펜던트 라이트, 60W짜리 브라켓 라이트, 60W짜리 플로어 스탠드를 설치한 경우. 저녁 식사, 대화, 휴식의 3가지로 나눌 수 있다. 시선 높이에 맞춰 설치함으로써 사례1의 절반 정도에 해당하는 빛의 양이면 충분하다.

A 18시~20시의 저녁 식사 시간은
　　3등 (100W+60W+60W) ON

B 20시~22시의 대화 시간은
　　2등 (60W+60W) ON

C 22시~24시의 휴식 시간은
　　1등 (60W) ON

사례1의 계산식에 대입하면

1일당
A 8.8엔＋**B** 4.8엔＋**C** 2.4엔 = 16엔

↓

1년간 총액
16엔 × 365일 = 5,840엔

사례1　　　사례2
17,520엔 － 5,840엔 =

연간 **11,680엔**이나 차이가 난다.

사례 1

400W

400W짜리 백열등이 1개

천장에 400W짜리 전등을 설치한 경우. 밥을 먹거나 작업하는 데는 적당한 밝기이나 심야 휴식 시간에는 지나치게 밝아서 그만큼 전기세가 많이 나간다. 게다가 빛이 바로 떨어지는 직접 조명이어서 방 전체를 비추려면 빛의 양도 많이 필요하다.

1시간당
0.02엔 × 400W = 8엔
1일당 18시~24시까지
6시간 8엔 × 6시간 = 48엔

↓

1년간 총액
48엔 × 365일=
17,520엔

형광등을 사용하면 더 이익

형광등은 백열등에 비해 유지비가 저렴하다. 같은 양의 빛이 필요할 경우 백열등의 1/3해 해당하는 빛만 있으면 충당이 가능하다. 전기세를 아낄 수 있을 뿐만 아니라 수명이 길다는 것도 장점.

사례2의 백열등을 형광등
(33W+20W+20W)으로 교체하면…

↓

1년간 총액은
약 **1,900엔**

전기세 산출 방법은 Lights Works 조사에 따름(2004년 10월 기준)

바로 시도해 볼 수 있는 아이디어가 가득
비용 절감 노하우 3가지

조명을 설치할 장소가 이미 정해져 있다 해도
대대적인 공사 없이 유지비를 줄일 수 있다.
뛰어난 조명 설계가에게 전수받은 비장의 테크닉을 공개한다.

형광등을 간접 조명으로 사용한다

형광등은 왠지 무미건조해서 작업실 등의 작업
공간에는 어울려도 거실 같은 휴식 공간에는 어
울리지 않는다. 그러나 형광등을 간접 조명으로
사용하면 부드러운 분위기를 만들 수 있다. 형광
등이라면 바닥이나 수납장 바로 위에 올려놓을
수도 있다. (설치 면의 소재, 어린이는 주의)

수납장 위에 형광등을 놓는 것도 좋
은 아이디어다. 천장에 반사되어 방
전체를 밝게 한다.

소파 밑에 형광등을 설치하면 아래쪽에서 나오는
빛을 즐길 수 있다.

전구형 형광등을 이용한다

백열등이 좋은데 전기세 때문에 망설이는 사람에게는 전구형 형광등을 추천한
다. 13W짜리 전구형 형광등은 60W짜리 백열등의 밝기에 상당한다. 가격은 약간
비싸지만 유지비를 생각하면 이득이다.

전구형 형광등 13W짜리와 실리카 전구 60W짜리 비교

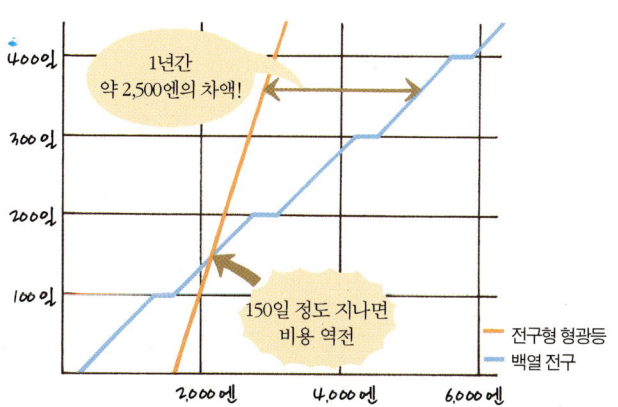

1년간
약 2,500엔의 차액!

150일 정도 지나면
비용 역전

— 전구형 형광등
— 백열 전구

일반적인 백열등인 실리카 전구와 전구형 형광등의 비용을 꺾은선 그래프로
비교한 것이다. 전구의 가격차가 점점 줄어 150일이 지난 뒤에는 역전된다.

조광기를 단다

조광이란 필요에 따라 조명의 밝기를 조절하는
것을 말한다. 백열등에 연결하여 밝기를 조절함
으로써 전기세를 줄이고 램프의 수명을 늘릴 수
있다. 스위치 판으로 되어 있는 것, 스탠드 라이
트에 장착하는 것 등 종류가 다양하다.

밝기별, 에너지 절감/램프 수명 연장률 비교표

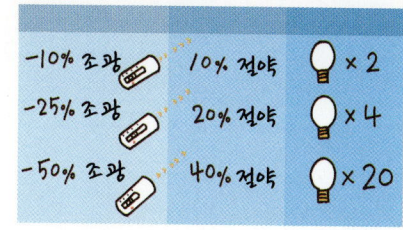

-10% 조광	10% 절약	💡 × 2
-25% 조광	20% 절약	💡 × 4
-50% 조광	40% 절약	💡 × 20

빛의 제어를 육안으로 확실히 느끼게 되는 것은 -30%
이상일 때부터다. 매일 10%를 줄이면 램프 수명이 2배
늘고, 50%를 줄이면 20배나 늘어난다.

❶ 스위치 판을 교체한다

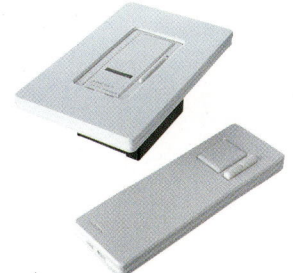

기존의 스위치 판을 떼고 조광기
로 교체해 주기만 하면 조광이
가능해진다. 리모콘 있음. 스페이
서 ¥26,250 : 루트론아스카

❷ 스탠드 라이트에 접속한다

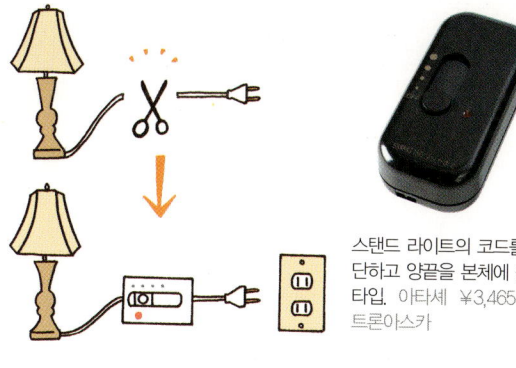

스탠드 라이트의 코드를 절
단하고 양끝을 본체에 꽂는
타입. 아타세 ¥3,465 : 루
트론아스카

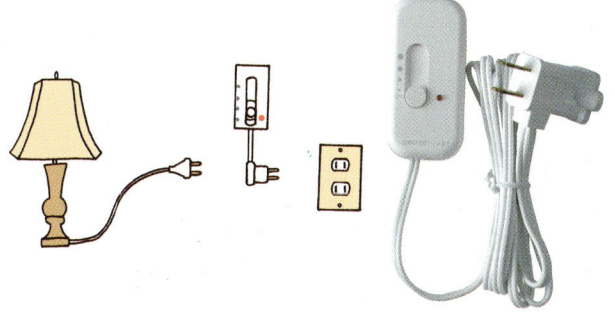

스탠드 라이트의 플러그를
본체에 꽂아 조작할 수 있
는 타입. 크레덴저 ¥3,465
: 루트론아스카

기분 좋게 작업할 수 있는 쾌적한 공간
작업실

1층부터 4층까지의 거주 공간과 독립시켜 놓은 지하 1층에는 넓은 작업실이 있다.
충실한 기능성을 갖췄음은 물론 직원들을 위한 휴식 공간도 확보되어 있다.

직원들이 자녀를 데리고 와 함께 놀면서 일할 수 있는 작업장을 만드는 것이 꿈이었다

집을 짓는 구상 단계에서부터 새 집에 작업실을 마련하고 싶어 했던 곤도 씨. 그 장소를 지하 1층으로 선택한 것은 주거 공간과 선을 확실히 긋고 싶었기 때문이다. 심야에도 소음을 걱정하지 않고 작업할 수 있다는 것도 장점.
'기능적인 환경 조성'과 함께 곤도 씨가 한 가지 더 신경 쓴 것은 '휴식'이다. 직원들에게 아이가 생기면 언제든 데리고 와서 놀 수 있도록 모래밭으로 바꿀 수 있는 드라이 에어리어를 만들었다.

지하1층

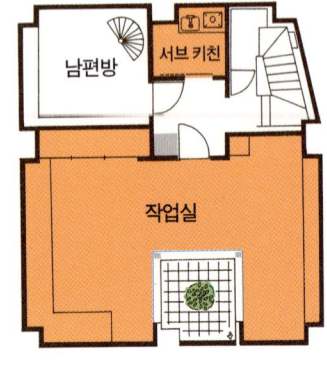

남편방　서브 키친

작업실

작업실

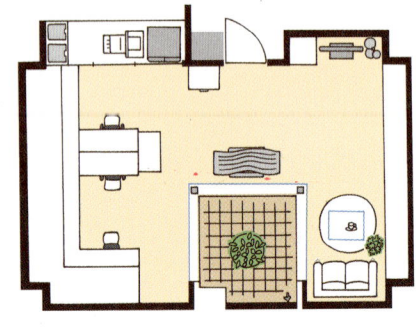

③ 출입이 빈번해서 정리하기 어려운 것은 감추는 수납

② 코드는 수제 레일을 이용해 가린다

❶ 각 책상 밑에 달린 서랍은 곤도 씨와 직원들이 각자 관리하는 공간. 1,000원짜리 바구니와 칸막이를 활용하여 사용하기 편리하게 정리해 둔다. 어디에 무엇이 있는지 바로 알 수 있으면 작업 능률도 향상된다.

❷ 컴퓨터 등의 사무 기기 주변에 널려 있는 지저분한 코드. 코드만 잘 정리해 놓아도 책상 주변이 훨씬 깨끗해진다. 공사 단계에서 시스템화한 부분과 직접 만든 아이템을 조합하여 깔끔하게 만들었다.

만드는 방법 P.119

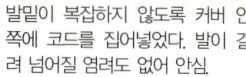

발밑이 복잡하지 않도록 커버 안쪽에 코드를 집어넣었다. 발이 걸려 넘어질 염려도 없어 안심.

책상 위에는 각재를 양면 테이프로 붙인 수제 코드 커버. 전화선에도 응용할 수 있는 아이디어다.

수납 공간은 보이는 수납과 감추는 수납 2가지를 활용한다

❸ 책상 쪽의 벽면은 흰색과 갈색 두 가지 색의 문을 달아 감추는 수납을 했다. 비디오 테이프와 카탈로그, 문구류처럼 비교적 자주 사용하고 모양과 색이 다양하여 통일성을 이루기 어려운 물품을 넣어 두는 공간이다.

상단이 눈높이보다 높아 넣고 꺼내기가 어려우므로 비디오 테이프나 문구류 등을 플라스틱 케이스에 넣어 수납했다. 하단에는 카탈로그.

❹ 문을 열고 들어가면 왼쪽에 천장까지 벽면 전체를 선반으로 만든 큰 수납 공간이 있다. 문을 달면 답답해 보일까 봐 두 개의 슬라이드 문을 달아 보이고 싶지 않은 부분만 감추는 방법을 선택했다. 상단은 소품으로 꾸며 여유 있게 보인다.

보이는 부분에는 동일한 파일을 수납하여 통일감을 주었더니 인테리어의 일부가 되었다. 슬라이드 문은 나중에 설치한 것인데, 레일과 천판만 있으면 DIY가 가능하다.

여러 가지 종류가 섞여 정신없어 보이기 쉬운 잡지류는 슬라이드 문으로 감춘다. 문이 부드럽게 움직이기 때문에 한 손으로도 가볍게 밀 수 있다.

❶ 서랍 속은 칸막이와 바구니로 정리 정돈

❹ 슬라이드 문으로 보이는 수납과 감추는 수납을 병용

책상 2개가 순식간에 14명이 앉을 수 있는 회의 공간으로 변신

책상 2개로 만들었다는 것이 믿어지지 않는 넓은 테이블. 의자를 놓는 공간에도 여유가 있어 전혀 답답하지 않다.

회의용 공간은 이렇게 만든다

START

평소의 모습. 왼쪽 끝이 곤도 씨의 책상이고, 중앙의 2개가 조수용 책상이다. 이제부터 변신하는 과정을 지켜보시라.

Point 슬라이드로 꺼낼 수 있는 도구함을 설치

만드는 방법 P.117

책상 밑에는 사람 수만큼의 도구함이 있다. 회의 중에 장소를 옮길 때 펼쳐 놓았던 자료를 이 속에 넣고 빼내면 그대로 갖고 이동할 수 있다.

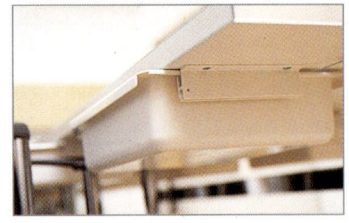

FINISH

여럿이 모여 회의를 할 때는 직원들이 사용하고 있는 책상 2개를 활용한다. 이동하고 연결하고 넓히는 과정에서 최대 14명까지 앉을 수 있는 긴 테이블로 변신한다. 가구회사 와의 합작으로 탄생한 경이로운 마술의 비밀을 밝힌다.

회의용 의자를 세팅한다

사용하지 않을 때는 쌓아 놓을 수 있다. 회의용 의자 : KOKUYO

테이블 설치가 끝나면 바퀴 달린 회의용 의자를 꺼내 정렬한다. 긴 쪽에는 6개, 짧은 쪽에는 1개씩 총 14 자리.

작업실을 ㄷ자형으로 만든 이유

방에 들어서면 정면에 보이는 드라이 에어리어는 ㄷ자형 배치를 이용해서 만든 '휴식 공간'. 오른쪽은 작업 공간이고, 반대쪽에는 소파를 놓아 응접실로 이용한다. ㄷ자형 배치를 통해 2개의 다른 공간이 완성되었다.

칸막이 랙을 옮긴다

만드는 방법 P.114

2개의 컬러 박스와 원주형 폴로 직접 만든 칸막이 랙. 책상을 가려 주는 역할도 한다.

컬러 박스로 만든 칸막이 랙을 옮겨 책상을 옮길 수 있는 상태로 만든다. 모든 가구가 부드럽게 움직인다.

2개의 책상이 마주보는 상태. 1개당 크기는 2m×70cm로, 안쪽 길이 65cm는 선반 밑으로 들어가 있다.

디자형으로 2개의 공간을 연출!

책상 1개에 2개의 금구가 달려 있다. 이것을 앞으로 당겨 고정하기만 하면 된다.

기능성과 디자인, 색상을 중시한 소품들

단순한 문자판이 보기 편한, 기능성을 중시한 벽걸이 시계. 친한 디자이너가 준 신축 기념 선물이다.

2개의 자석 볼을 움직여 맞추는 만년 달력. Perpetual Calender 33×23cm ￥6,090 : 리빙 모티프

10권의 책을 꽂을 수 있는 공간 절약형 조립식 책꽂이. 패트릭 매거진 랙 (L) W24×D36×H136.5cm ￥8,500 : 아스플룬드

소파 옆에 놓인 플로어 스탠드. 나무갓에서 부드러운 빛이 새어 나온다. 25.5×H146cm ￥16,800 : 인터포름

ㄱ자 랙을 옮긴다

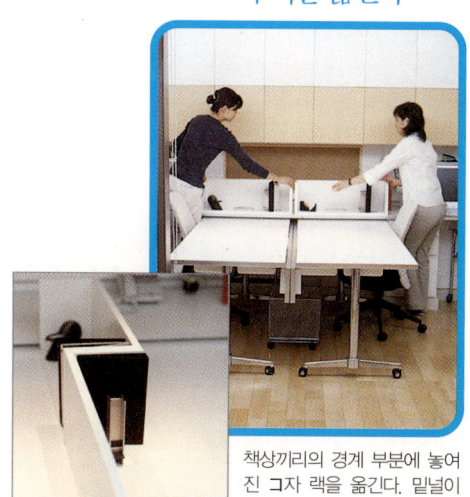

책상끼리의 경계 부분에 놓여진 ㄱ자 랙을 옮긴다. 밑널이 달려 있으므로 살짝 들어서 옮기면 된다.

가구업체가 즉흥적으로 제작한 랙. 컬러 보드를 양면 테이프로 붙인 단순한 구조.

책상의 안쪽 길이를 넓힌다

안쪽 길이 70cm로는 맞은편에 앉아 있는 사람과의 거리가 너무 가깝다. 경첩으로 고정되어 있는 20cm 길이의 접힌 부분을 빼면 90cm로 늘어난다.

책상을 세로로 정렬한다

2개의 책상을 세로로 맞춰 놓으면 4m가 된다. 길이는 이것으로 완성! 그런데 각각의 책상에 달려 있는 90도로 꺾인 부분은?

책상을 움직인다

책상을 한 개씩 움직여 드라이 에어리어 앞의 빈 공간으로. 바퀴의 움직임이 매우 부드러워 혼자서도 쉽게 이동시킬 수 있다.

사용하기 편하도록 수제품을 추가한 서브 키친과 복사 공간

작업실을 주거 공간과 확실히 독립시키기 위해 만든 서브 키친은 색조 유희를 테마로 했다.
복사기 주변에는 기능성을 좀 더 강화해 주는 수제 소품들이 가득하다.

서브 키친 앞으로 아이들이 드나들기를 바라면서 대중적이고 즐거운 공간으로 만들었다

노인이나 독신자가 사용하기 쉬운 미니 키친을 개발하기 위해 주방시스템 회사 선웨이브와 협력 중인 곤도 씨. 집에서부터 시작해 보자는 생각의 결과로 이 공간이 탄생했다. 선명한 노란색이 포인트.

벽에 유공 보드를 설치하고 행주 걸이와 나이프 스탠드 등을 세팅. 원하는 대로 부속물을 조합할 수 있어 편리하다.

복사 공간 큰 기기는 한곳으로 몰아 깔끔하게

작업의 필수품인 복사기와 대형 냉장고는 작업실 내에 전용 코너를 만들어 위치하게 한다. 그런 다음 랙을 설치하여 복사를 하거나 팩스를 보낼 때 가까이 있으면 편리한 사무 관련 용품을 분류 정리한다.

벽에 유공 보드를 설치하고 행주 걸이와 나이프 스탠드 등을 세팅. 원하는 대로 부속물을 조합할 수 있어 편리하다.

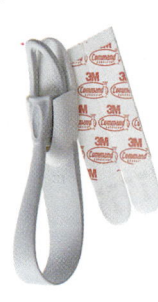

긴 코드는 가볍게 말아서 전용 후크에 걸어 두면 방해되지도 않고 보기에도 깔끔하다. 뺄 때는 혀처럼 생긴 부분을 위로 올리면 된다(43쪽 참조).

복사기 주위에 설치한 2개의 랙은 헤이안신동공업에서. 냉장고는 스테인리스 소재와 색상이 마음에 들어 선택했다. 히다치 '프로 프리저!'

지저분해지기 쉬운 공간이므로 손님이 있을 때는 미닫이문을 닫아 가린다. 이 작은 아이디어로 마음에 여유가 생긴다.

복사용지 등의 비품은 복사 공간의 안 길이에 맞게 설치한 수납장에 보관. 스틸 랙 : 도우시샤

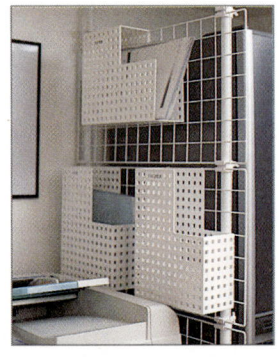

서류 케이스를 밴드로 장착하여 팩스 용지를 분류하는 데 사용. 송신 완료, 미송신, 확인 요망의 3종류를 라벨로 명기.

웨건을 꺼내면 그 안쪽에 사이즈에 맞게 컬러 보드로 만든 수납장이 있다. 세제나 수건, 신문지 등을 넣어 둔다.

발랄한 색으로 꾸민 바퀴 달린 수제 웨건. 선반에 얹어 놓은 컬러풀한 트레이는 물기 제거 바구니에서 손잡이를 뗀 것.

■ 만드는 방법
▮ P.113

가구가 없으면 이런 느낌

세제나 솔, 드라이 에어리어에서 사용하는 호스 등을 바구니 안에 보관. 이중 구조로 된, 내용물만 꺼낼 수 있는 통이라서 편리하다 (49쪽 참조).

문의 한쪽 면, 키친 쪽에 코르크 보드를 붙인 아이카공업의 시작품. 스태프간의 연락 보드로 그 편리성을 시험해 보기로 했다.

싱크대 밑에는 지하에서 사용하는 청소 도구를 수납했다. 2개의 폴을 가로로 설치하고 그 위에 설거지통을 얹어 공간을 빈틈없이 활용했다.

배수관 뒤에는 걸레를 넣어 두는 손잡이 달린 박스가. 세로 방향으로 넣다가 막다른 곳에서 가로로 방향을 바꾸면 쏙 들어간다.

아직 끝나지 않았다!
수납 스크랩

집안 곳곳의 수납에 관해서는 이미 전문가의 솜씨를 소개했고 모두 감탄했다.
그럼 이제 총 복습 시간을 가져 보자.
이런 장소에는 이것을! 수납 전문가의 실력은 아직 다 보여 주지 않았다.

수납 기법은 일상 속에서 탄생한다

수납에는 끝이 없다. 시간을 들여 수제품을 만들면서 더 좋은 방법은 없을까 궁리하는 사이 색다른 아이디어가 떠오른다는 곤도 씨.
그와 반대로 오랫동안 변함없이 사용해 온 기술은 곤도 씨가 그 존재 가치를 보장하는 것들이다. 이제부터 절대 실패하지 않는 수납 전문가의 노하우를 살펴보자.

사용하기 편한 장소에 둔다, 선호하는 수납

문 뒤도 놓치지 않는다, 공간 활용 수납

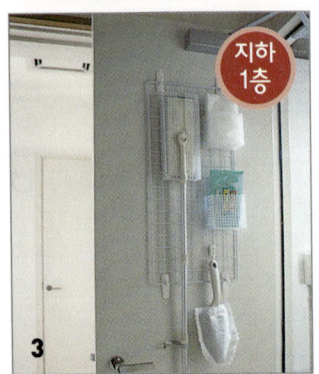

1 내용물이 보이도록 지퍼 달린 봉투에 비닐봉지를 작게 접어 넣는다.
2 후크 사이에 작은 크기의 빨래판이 쏙. 부분 세탁에 필수적인 아이템이라고.
3 문 뒤를 완벽하게 활용했다. 청소 도구를 한곳에 집결!! 수납 양에서도 따라올 자가 없다.
4 후크 3개로 접이식 박스를 끼워 수납.
5 스퀴지와 걸레 세트. 작지만 따라해 보고 싶은 아이디어다.

1 15cm의 틈새에 10kg들이 쌀통을 넣었다.
2 현관 벤치 옆의 죽은 공간에 점착 클리너를 사용해 보면 그 편리함을 느낄 수 있다.
3 시스템 키친에 지정석이 마련되어 있는 뿌리채소용 서랍. 바닥에 신문지는 필수.
4 오븐과 서랍 사이에는 트레이가 안성맞춤. 놓치기 쉬운 공간에 착안.
5 싱크대 밑 오른쪽 서랍 속이 쓰레기통의 가장 좋은 자리. 가사 동선을 고려해 봐도 바람직하다.
6 거실과 현관 바닥 사이의 서랍에는 신발 관리 물품을.
7 부정한 것을 씻어내는 의미를 담은 소금을 비닐봉지에 담아 현관 수납장에.

직접 만든 공간인 만큼 딱 맞는 수납

자석 보드를 선반 안쪽에 장착하여 메모지와 볼펜을 수납. 손님에게는 보이지 않는다.

양쪽 수납 케이스에 선반을 얹은 뒤 그 밑에 체중계를 넣는다. 선반 위에도 충분한 수납 공간이 생긴다.

큰 수납 공간을 칸막이 기법으로 수납. 가운데는 종이봉투를 크기별로 넣었다. 오른쪽은 프로용 타코야키 조리기를 놓는 공간이다.

1,000원 숍에서 구입한 서류 케이스를 옆으로 눕혀 영수증을 수납.

주방 수납 공간에 대기 수납

자주 사용하지는 않지만 필요할 때 곧바로 꺼낼 수 있도록 포트와 코드를 세트로.

매일 사용하기 때문에 쉽게 더러워지는 주전자, 탁용용 조미료는 플랩 도어가 달린 유리 선반에 수납.

계절 용품도 여기에 수납. 빙수기나 뚝배기, 핫플레이트 등을 바로 꺼내 사용할 수 있다.

깊숙한 서랍에 일괄 수납

깊숙한 서랍은 2단으로 사용한다. 앞쪽과 안쪽에 널빤지를 세운 뒤 선반을 얹으면 된다. 바구니에 넣어 정리하면 편리하다.

늘 깨끗하게, 걸레 지정석

1 곤도 씨의 청소 비결은 어디에나 걸레 지정석을 만들어 두는 것이다.
2 가장 아랫단 선반 밑에 눈에 띄지 않게 걸려 있는 수건 걸레.
3 시어머니용 쇼핑 카트를 닦기 위한 걸레.
4 스퀴지는 곤도식 청소의 필수품. 그녀의 집에서 곰팡이가 전혀 피지 않는 이유.
5 차고에서 쓰는 용품을 한곳에. 빗자루와 쓰레받기는 반드시 세트로 보관.

주방 천장 근처의 울트라 수납

거꾸로 된 서랍의 정체는?

> 수납이라면 빼놓을 수 없는 곳이죠.

널빤지 3장으로 뚜껑을 만든다

거꾸로 달린 서랍은 당연히 아래쪽이 열리는 상태. 널빤지 3장을 이용해 뚜껑을 만들기로 결정했다. 여러 가지 방법 가운데 가장 편리한 방법.

밥상 보관 장소로 안성맞춤

가볍지만 크기가 크고 가족 행사를 치르거나 손님이 왔을 때 사용하는 테이블 크로스 등을 보관한다. 밥상을 넣으면 크기가 딱 맞다.

차고 구석의 로프트 수납. 미닫이문이라 넣고 꺼내기 편리하다

이 로프트 수납은 공간적으로도 넓고 물건을 넣고 꺼내기 편리한 데다 편리성도 최고! 공간을 효과적으로 사용하려면 레일 등과 같은 부속품의 질이 좋아야 한다. 사용하기 불편한 공간은 방치되기 쉽다.

오토바이 주차장 위쪽의 로프트. 가벼운 이동식 사다리는 움직일 때 취급이 간편하다.

여행용 트렁크는 로프트에 수납. 개구부가 넓어서 큰 물건도 넣고 꺼내기 편리하다.

스르르 열리고 닫히는 문. 맞춤 주문하여 마음에 드는 제품. 시모다이라 제품

따라해 보고 싶다. 수납과 집안일의 능률을 높이는 아이디어
수제 마술 26

지금 당장 집을 짓지 않더라도 누구나 언제든 따라할 수 있는 아이디어를 모았다. 곤도 씨의 노하우를 따라해 보면 당신도 그 편리함과 쾌적함을 생생하게 느낄 수 있을 것이다. 사용 장면을 게재해 놓았으므로 참고하면 된다.

선반을 늘렸더니 훨씬 편리해졌다!
키친 웨건

컬러 박스의 선반을 늘리고 바퀴를 달고 윗면에 타일을 붙여 최강 웨건으로 변신!

만드는 법
① 컬러 박스에 지지대를 상단 4개, 하단 4개 나사로 고정한다.
② 컬러 박스의 뒷면에 뒤판(A)을 못으로 고정한다.
③ 상하 면에 보강판(B)을 보강대로 고정한다.
④ 밑면에 바퀴를 단다.
⑤ 윗면 테두리에 초강력 양면 테이프로 각재를 붙인다.
⑥ 윗면 각재의 안쪽에 타일용 접착제로 타일을 붙인 뒤 타일 틈새에 줄눈재를 넣는다.
⑦ 윗면의 보강판과 컬러 박스의 선반에 손잡이를 단다.
⑧ 지지대에 다보를 끼우고 선반(C)을 얹는다.

재료
컬러 박스 2단···1개
지지대···8개
뒤판(A) : 컬러 박스의 폭×높이···1장
보강판(B) : 컬러 박스의 폭×(안 길이＋뒤판의 두께)···2장
보강대···8개
바퀴···4개
각재···보강판의 테두리 길이만큼
타일···보강판 1장분(각재 테두리 부분 제외)
손잡이···2개
다보···8개
선반(C) : (컬러 박스의 안쪽 폭－지지대 2개분의 두께)×컬러 박스의 안쪽 안 길이···2장
나사, 못, 초강력 양면 테이프, 타일용 접착제, 타일용 줄눈재

P.109

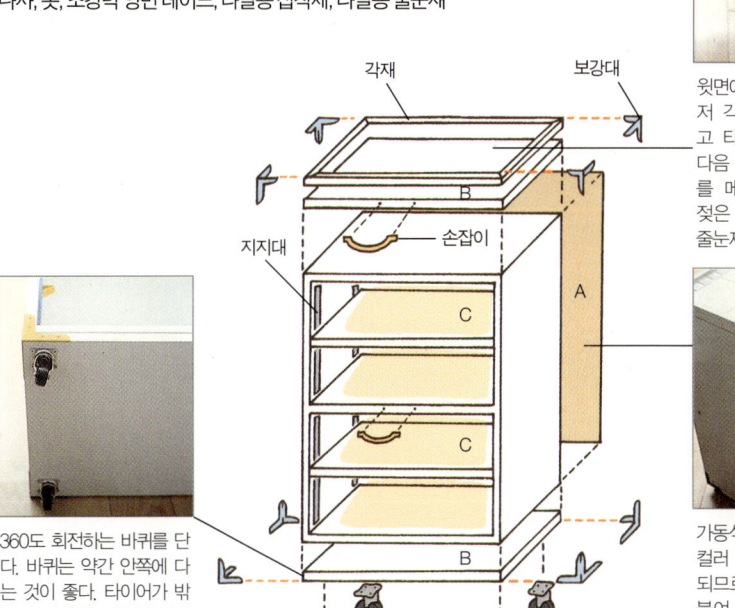

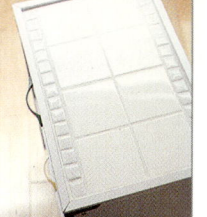

윗면에 타일을 붙인다. 먼저 각재로 테두리를 두르고 타일을 접착제로 붙인 다음 줄눈재로 타일 틈새를 메운 뒤 마르기 전에 젖은 수건으로 튀어나온 줄눈재를 닦아 낸다.

360도 회전하는 바퀴를 단다. 바퀴는 약간 안쪽에 다는 것이 좋다. 타이어가 밖으로 비어져 나오면 굴러갈 때 여기저기 부딪친다.

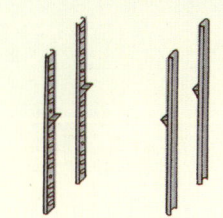

가동식 웨건은 사용할 때 컬러 박스의 뒷면도 노출되므로 컬러 베니어판을 붙여 깔끔하게 마무리한다. 보강판의 단면에는 전용 테이프를 붙인다.

목적에 맞게 활용할 수 있다는 것이 컬러 박스의 가장 큰 장점이죠.

스르르 미끄러지므로 움직이기도 쉽다
컬러 박스로 만든 칸막이 선반

칸막이 선반은 보통 선반과 달리 어디에서 보든 멋져 보이게 하고 싶어서
뒷면도 모양을 냈다.
밑면에는 매끄러운 소재를 붙여 쉽게 이동할 수 있게 했다.

만드는 법
① 바닥판(A)에 컬러 박스 1개를 밑에서 나사로 고정한다.
② 하단의 기둥(B₁) 2개를 밑에서 나사로 바닥판에 고정한다.
③ 또 하나의 컬러 박스를 얹는다. 컬러 박스끼리는 아래쪽에서 나사로 고정한다. 기
　둥과 컬러 박스는 초강력 양면테이프로 붙인다.
④ 상단의 기둥(B₂)을 컬러 박스 위에 올린 뒤 밑에서 나사로 고정한다.
⑤ 천판(C)을 얹는다. 천판과 컬러 박스는 밑에서 나사로 고정한다. 기둥과 천판은 초
　강력 양면테이프로 고정한다.
⑥ 뒷면에 뒤판(D)을 못으로 고정한다. 뒤판의 테두리에 장식용 각재를 초강력 양면테
　이프로 붙인다.
⑦ 바퀴 대용재를 바닥에 붙인다.

재료
컬러 박스 3단…2개
바닥판(A) : 컬러 박스의 안 길이×(컬러 박스의 높이+1단분)…1장
기둥용 원주형 봉 또는 각재(B, B¹) : 직경 또는 1변 4~5cm×컬러 박스의 폭…4개
천판(C) : (컬러 박스의 안 길이+5cm)×(컬러 박스의 높이+1단분)…1장
※ 2각을 둥글게 만든다.
뒤판(D) : 컬러 박스의 폭×높이…2장
뒤판의 장식용 각재…뒤판 2장분의 둘레만큼
가구의 바퀴 대용재…4개
나사, 초강력 양면테이프, 못

P.107

똑똑한 소재 ② ─ 가구의 바퀴 대용재
특수 수지로 만들어져서 아무리 무거운 가
구도 바닥 면의 네 귀퉁이에 붙이면 미끄러
지듯이 움직인다.

재료는 가게에서
잘라 달라고 하면
잘라 주기 때문에
간단히 선반을
만들 수 있어요!

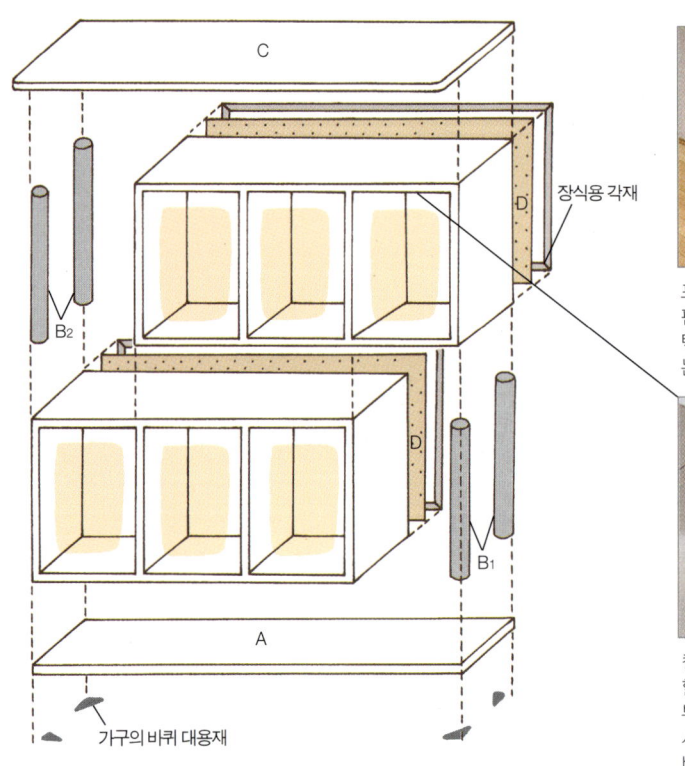

C

B₂

장식용 각재

D

D

B₁

A

가구의 바퀴 대용재

포인트가 될 수 있도록 뒤
판으로는 유공 보드를 선
택했다. 유공 보드 둘레에
는 장식용 각재를 붙였다.

컬러 박스를 나사로 고정
할 때는 심재가 들어 있는
부분에 할 것. 컬러 박스에
사용되는 널빤지의 내부가
비어 있는 부분은 나사로
고정해도 쉽게 빠진다.

114

제한된 공간을 효과적으로 이용할 수 있는
접이식 테이블

"건축가인 에구치 씨와 함께 구상하고, 목수에게 만들게 했어요. 공간이 좁은 방에서도 활용도가 클 것 같아요."라는 곤도 씨.

쿠션재는 테이블판에 흠집을 내지 않기 위해, 그리고 시판되는 L자형 금구의 두께와 테이블판의 두께를 조정하는 역할을 한다. L자형 금구는 경첩을 고정할 수 있는 나사 구멍이 있는 것을 선택한다.

경첩은 두께가 있다. 프로라면 경첩 두께만큼 널빤지 쪽을 깎아내겠지만, DIY의 경우 두께는 신경 쓰지 않아도 된다.

다리를 직각으로 고정하기 위해 접이식 까치발을 사용한다. 스토퍼를 해제하면 간단히 접을 수 있는 금구이다.

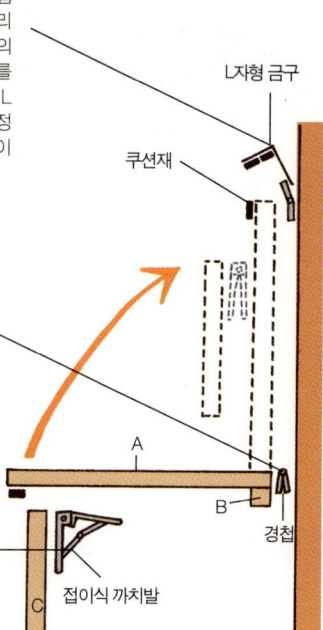

L자형 금구
쿠션재
A
B
경첩
접이식 까치발
C

접으면 공간을 절약할 수 있다
다리를 접어 테이블을 올리면 벽과 테이블이 하나가 된다. 손님이 오거나 작업할 때 이용하면 편리할 듯.
P.75

만드는 법
① 테이블판(A)에 보강용 각재(B)를 못으로 고정한다.
② 테이블판과 다리용 판(C)을 2개의 접이식 까치발로 연결한다.
③ 테이블판을 경첩 2개로 벽에 고정한다.
④ L자형 금구에 나사로 경첩을 연결하여 멈춤쇠를 만든다.
⑤ 테이블을 접은 상태에서 높이를 보면서 벽면에 나사로 멈춤쇠를 고정한다.
⑥ 테이블판에 멈춤쇠가 닿는 부분과 멈춤쇠 쪽에도 쿠션재를 붙인다.
※ 사진은 문발 모양의 판이지만 만드는 법은 널빤지를 사용한 경우의 것이다.

재료
테이블판(A)…1장, 테이블판 보강용 각재(B) : 테이블판의 폭과 같은 길이…1개
다리용 판(C)…1장, 접이식 까치발…2개, 경첩…3개, L자형 금구…1개
못, 나사, 쿠션재

어디서든 활용할 수 있는 문의 마술
가리개 문

"파이프를 가리고 싶어서 수납 가구 제조사와 상의하여 현장에 남아 있는 문짝용 판을 재활용해서 만들었어요."

만드는 법
① 안 길이용 판(A)과 문용 판(B)을 문용 경첩으로 연결한다.
② 안쪽 벽면에 안 길이용 판을 꺽쇠 4개로 고정한다.
③ 안쪽 벽면에서 안 길이용 판의 폭의 길이와 같은 위치에 미니 스토퍼를 달고 미니 스토퍼의 문과 닿는 부분에 미끄럼 방지 실을 붙인다.
④ 잡기 좋은 위치에 손잡이를 단다.

재료
안 길이용 판(A) : 가릴 장소의 안 길이×높이…1장
문용 판(B) : 가릴 장소의 폭×높이…1장
문용 경첩…2개, 꺽쇠…4개, 미니 스토퍼…1개
손잡이…1개, 나사, 미끄럼 방지 실

이것이 문짝용 경첩. 문을 열면 열린 상태에서 문이 멈추고 조금만 밀면 닫힌다.

문을 닫았을 때 안쪽으로 밀리지 않도록 금구를 달았다. 금구와 문이 접하는 면에는 미끄럼 방지 실을 붙여 소음을 방지했다.

닫으면 깔끔하다
배수관을 가려 줄 뿐만 아니라 문 뒤쪽과 안을 이용해서 자질구레한 물건을 수납할 공간이 생겼다.

P.47

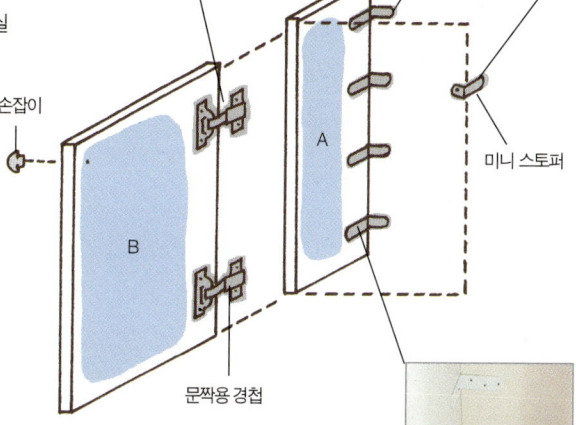

꺽쇠
손잡이
A
B
미니 스토퍼
문짝용 경첩

안쪽 벽과 고정하는 데는 사용한 꺽쇠. 사진에서 직각으로 접혀 있는 흰 금구다. 벽에 직접 나사로 고정했다.

만들기 쉽고 매우 편리하다!
소품 만들기

집안일을 좀 더 쉽게 빨리 처리하고 싶을 때는
곤도 씨가 제안하는 소품을 제작해 보자.
틀림없이 더욱 즐거운 생활이 기다리고 있을 것이다.

많이 넣고 꺼내기 쉽게!
수납

제한된 공간에 많은 양을 수납하되 찾는 시간을 줄이기 위한
곤도식 아이디어를 모았다.

P.46

집게가 얽히는 스트레스는 그만
사각 빨래 걸이용 칸막이

사각 빨래 걸이는 넣고 꺼낼 때 주위의 물건에 걸리기 쉬우므로 칸막이에 넣어 분리한다.

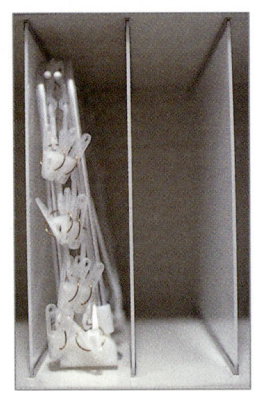

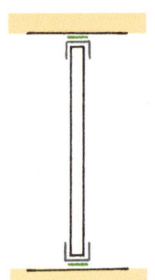

선반 위아래에 초강력 양면테이프로 채널을 붙인 뒤 그 사이에 아크릴판을 끼운다. 아크릴판은 분리할 수 있어서 청소할 때 구석까지 손이 닿아 편리하다.

똑똑한 소재 ❸ ─ 초강력 양면 테이프
점착력이 강한 초강력 양면 테이프는 나사로 고정하는 것만큼 점착력이 뛰어나기 때문에 DIY의 필수품이다. 용도에 맞게 골라서 잘 활용하자.

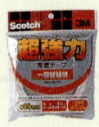

똑똑한 소재 ❹ ─ 채널
시스템 까치발의 지지대 2개를 세로로 벽에 직접 나사로 고정한다(벽의 강도를 확인하여 단단한 부분에). 선반에 시스템 까치발을 지지대의 폭에 맞춰 나사로 고정한다. 까치발의 후크를 지지대의 구멍에 걸면 완성!

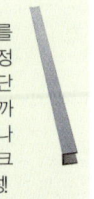

선반 높이를
변경할 수 있어 편리한
다용도 선반

벽에 직접 선반을 장착하는 타입의 수제 선반. 수납할 물건에 맞춰 선반 높이를 변경할 수 있다.

P.77

시스템 까치발의 지지대 2개를 세로로 벽에 직접 나사로 고정한다(벽의 강도를 확인하여 단단한 부분에). 선반에 시스템 까치발을 지지대의 폭에 맞춰 나사로 고정한다. 까치발의 후크를 지지대의 구멍에 걸면 완성!

P.37

똑똑한 소재 ❺ ─ 시스템 까치발
시스템 까치발은 지지대와 까치발이 세트로 되어 있다. 지지대 2개와 까치발 2개로 선반 1단이 완성된다. 까치발에 선반을 나사로 고정한다. 지지대의 구멍에 까치발의 후크를 바꿔 끼우면 언제든지 높이를 변경할 수 있다.

블록 놀이를 하듯 만드는
식기용 선반

접시를 많이 쌓아 두면 꺼내기가 어렵다. 갖고 있는 접시나 트레이의 높이에 맞춰 식기장에 선반을 추가해 보자.

P.37

약 1cm짜리 판자와 양면 테이프를 준비한다. 판자를 식기장의 크기와 수납할 식기의 높이에 맞춰 자른 다음 가로, 세로로 블록 놀이를 하듯 쌓는다. 세로 판자는 양면 테이프로 식기장 안쪽에 고정한다.

판자 한 장으로 만든
간단 서랍
셔츠 선반

곤도 씨는 가구 제조사에서 사용하는 레일에 판자를 끼워 넣었지만 구하기 쉬운 채널을 레일로 사용해도 된다.

P.79

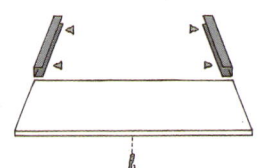

채널(똑똑한 소재 ❹)에 구멍을 뚫고 선반 안쪽 좌우에 나사로 고정한 뒤에 판자를 삽입한다. 채널을 고정한 나사 머리의 두께만큼 판자의 폭을 줄이는 것이 포인트(그러지 않으면 걸린다). 손잡이는 후크로, 사진의 칸막이는 아크릴판을 사용했다.

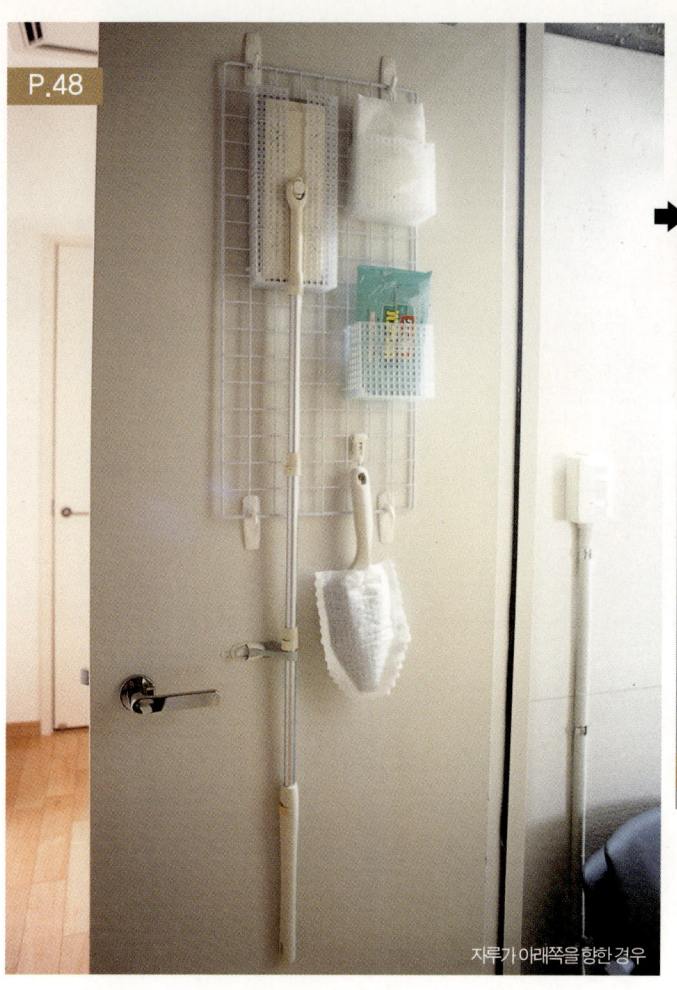

P.48

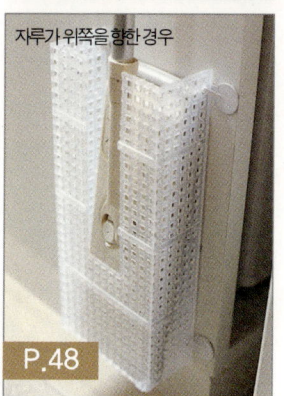

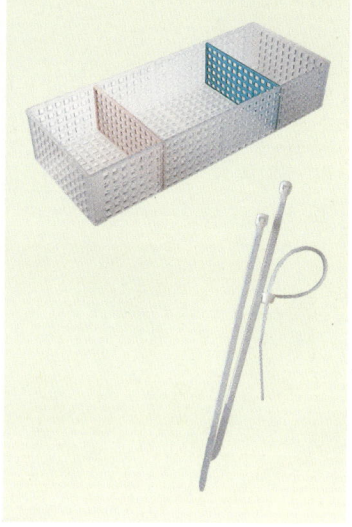

틈새를 활용한
대걸레 수납

대걸레가 문 뒤쪽 또는 벽과 일체화.
걸레는 1,000원 박스에 쏙!

똑똑한 소재 ❻ — 메시박스와 결속 밴드
두 가지 모두 1,000원 숍의 효자 상품. 결속 밴드는 한 번 묶으면 느슨해지지 않는다. 양쪽을 다 자를 때는 니퍼가 편리하다. 메시박스는 자가 없어도 그물눈을 따라 자를 수 있어 편리하다.

자루가 위쪽을 향한 경우

P.48

대걸레 자루가 들어갈 수 있도록 메시박스의 바닥과 측면을 잘라 둔다. 엎어놓은 상태로 메시박스를 네트(또는 벽)에 고정한다. 네트는 결속 밴드로 고정하고 벽은 점착 후크로 장착하면 완성.

자루가 아래쪽을 향한 경우

케이스와 케이스 사이의 공간도 활용한다
플라스틱 케이스 활용 선반

"벽장 속에 있는 플라스틱 케이스로 응용해 보세요."라는 곤도 씨.
뜻밖의 장소에 수납 공간이 탄생한다.

P.71

똑똑한 소재 ❼
— 리벳과 리벳헤머
리벳은 대가리가 두툼한 굵은 못이고, 리벳헤머라는 전용 기구를 사용하여 힘을 가하면 순식간에 볼트와 너트 역할을 해 주는 금구다. 두 가지 모두 없을 때는 볼트와 너트로 대체한다.

리벳

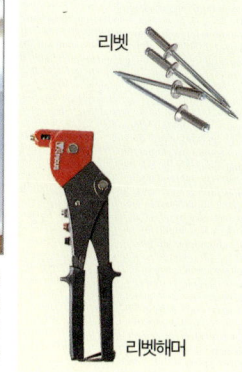

리벳해머

지지대와 다보(똑똑한 소재 ①)를 사용하여 선반을 얹는다. 플라스틱 케이스 사지는 이가 벌어지면 선반이 떨어지므로 케이스가 움직이지는 않는지 먼저 확인한다. 플라스틱에 지지대를 고정할 때는 나사가 아닌 리벳을 쓴다.

슬라이드 레일을 활용한다
액세서리용 슬라이드 선반

선반에 자잘한 것을 수납하면 구석에 있는 물건을 꺼내기가 힘들다.
슬라이드 선반을 활용하면 고민 끝, 행복 시작!

P.81

선반 폭에서 슬라이드 레일의 두께만큼을 뺀 판자를 준비한 뒤 선반에 슬라이드 레일을 장착한다. 잡아당기기 쉽도록 슬라이드 판에 손잡이를 단다. 슬라이드 레일의 종류는 구입할 때 가게에서 확인한다.

이런 서랍이 필요했다
책상 밑의 미니 서랍

곤도 씨의 경우에는 수납 가구 제조사의 레일을 사용하고 있지만 채널을 사용해도 무방하다.

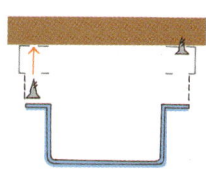

P.106

채널(똑똑한 소재 ④)에 나사용 구멍을 몇 개 뚫는다(나사 구멍 외에 드라이버를 넣을 구멍도 필요). 채널에 테두리를 끼울 수 있는 박스를 준비하여 책상 밑에 박스 폭에 맞춰 2개의 채널을 나사로 고정하고 박스를 끼운다.

쓰레기통 하나로 분류할 수 있는
분리용 쓰레기통

"쓰레기통을 여러 개 놓기는 공간도 부족하고 보기도 싫죠?
갖고 있는 쓰레기통으로 꼭 한번 만들어 보세요."

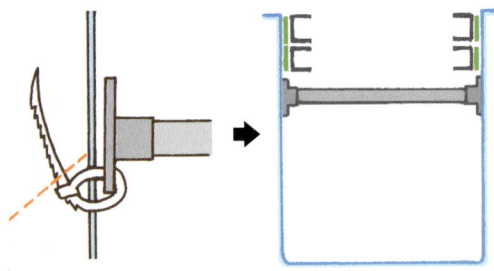

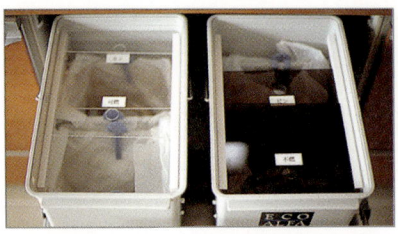

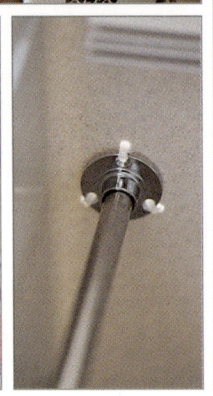

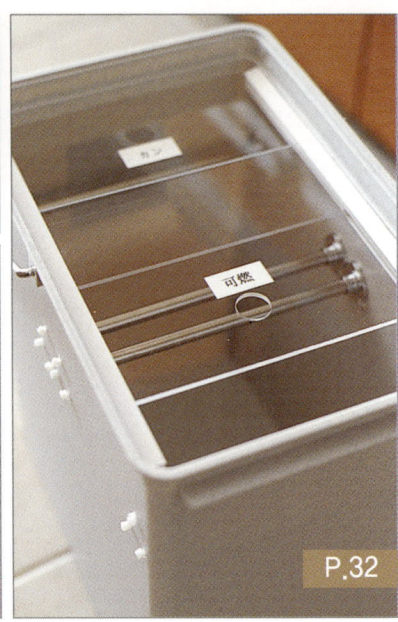
P.32

쓰레기통 측면에 구멍을 뚫은 뒤 결속 밴드(똑똑한 소재 ⑥)로 브라켓을 고정한다. 쓰레기통 하나에 파이프 4개를 끼운다. 쓰레기통 안쪽의 좌우 측면에 채널(똑똑한 소재 ④)을 상하 2개씩 초강력 양면테이프(똑똑한 소재 ③)로 붙여 레일을 만든다. 2장의 아크릴판 뚜껑을 끼운다.

② P.63

① P.30

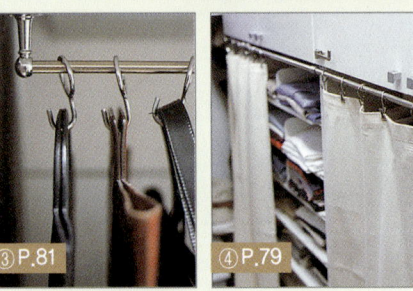
③ P.81 ④ P.79

❶ 긴 파이프를 조리대에 장착하여 수건걸이 완성.
❷ 공간을 차지하지 않는 슬리퍼 수납.
❸ 파이프에 링과 클립을 끼워 늘어뜨린 커튼.
❹ 파이프에 링 후크를 걸어 가방을 수납.

똑똑한 소재 ⑧—브라켓과 파이프
브라켓은 파이프를 고정하기 위한 도구다. 소켓 타입(파이프의 양끝에 벽면이 있는 경우 옷장 안 등에 설치)과 수장 타입(수건걸이처럼 파이프를 평면으로 거는 경우)가 있다. 수장 타입은 한쪽에 구멍이 뚫려 있는 것과 관통형이 있다

소켓
수장

자유롭게 변경하며
구획을 정리할 수 있는
서랍의 칸막이

물건 크기에 맞춰 칸막이의 위치를 자유자재로 변경할 수 있어 편리하다. 작은 물건도 칸막이로 지정석을 만들어 주면 좋다.

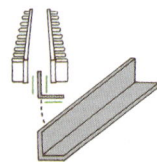

아크릴판재를 서랍 안쪽에 등을 마주보게 놓은 다음 양면 테이프로 붙인다. 서랍을 가로지르는 아크릴판재는 앵글(L자형 단면의 긴 봉 모양의 소재)을 심으로 삼아 세운다. 아크릴판재 사이에 꽂을 칸막이용 아크릴판을 준비하여 홈에 끼운다.

똑똑한 소재 ⑨—아크릴판재
3×30cm의 투명 아크릴제로, 단면에 홈이 많이 나 있다. 곤도 씨는 서랍의 칸막이를 제작하는 데 응용하고 있다.
¥378 : 도큐핸즈 이케부쿠로점

P.35

냄비 뚜껑을 겹쳐 놓을 수 있는
간단 기술
냄비 뚜껑 수납

냄비 뚜껑은 손잡이 때문에 겹쳐 놓을 수 없는 단점이 있어 효율적인 수납이 어렵다. 손잡이 두께만큼의 캡을 씌우면 안정적으로 쌓을 수 있다.

P.32

뚜껑 손잡이가 쏙 들어가도록 두께와 높이를 맞춰 아크릴 파이프를 자른다. 냄비 뚜껑 사이에 캡을 끼워 넣고 겹쳐 놓는다.

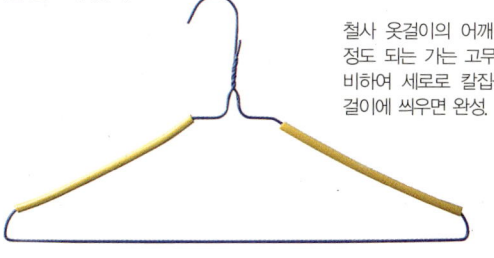

집안일이 즐거워진다!
능률적인 가사

해도해도 끝이 없는 청소와 세탁!
그럴수록 집안일이 수월해질 수 있는
방법을 궁리해야 한다.
곤도 씨의 긍정적인 발상을 따라해 보자.

캐미솔도 미끄러지지 않는다   P.46
미끄럼 방지 옷걸이

이젠 캐미솔이나 목이 넓은 옷을 옷걸이에 걸 때도 일일이 빨래집게로 고정
할 필요가 없다.

철사 옷걸이의 어깨 부분 길이
정도 되는 가는 고무 호스를 준
비하여 세로로 칼집을 넣어 옷
걸이에 씌우면 완성.

먼지가 쌓이기 전에 막는다   P.105
코드 커버

전화선은 물론 주방 가전의 코드 등에도 이 아이디어를 활용하면 된다.

코드의 두께를 재보고
시판되는 각재의 두께를
선택한다. 각재를 초강
력 양면 테이프(똑똑한
소재 ③)로 붙여 ㄷ자형
으로 만든 다음 코드에
씌운다.

그대로 들고 세탁실로 직행   P.47
세탁 가방

세탁실로 가져갈 세탁물을 넣기 위한 전용 바구니와 가방을 준비해 둔다.

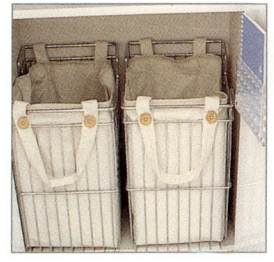 

세탁물 바구니의 크기에
맞춰 토트백을 만든다.
손잡이 부분에 단춧구멍
을 만들고 단추를 끼워
바구니에 고정한다.

작은 청소 용품을 한곳에
청소 세트함

P.46

청소 용품 세트는 간단해도 좋으니 여러
개를 만들어서 집안 곳곳에 놓아두는 것
이 청소의 효율성을 높이는 기본.

주방용
분무기, 살균용 알코올, 칫솔, 젓가락, 대나무 꼬챙이 등을 한곳에. 스펀지
는 반으로 잘라 준비해 두면 좁은 곳을 닦을 때 편리하다. 곤도 씨의 집은
부엌이 2개 있으므로 테이프 색으로 구분한다.

화장실용
변기와 세면대 등 도기에 낀 물때를 제
거하기 위해 고무 지우개를 추가했다.
솔은 청소기가 닿지 않는 구석의 먼지를
제거하기 위한 것이다.

**스펀지용 미니
물기 건조 박스 만드는 법.**
페트병의 하부 1/3에 상부
1/3을 거꾸로 끼워 넣는다.
젖은 스펀지도 잠시 넣어
두면 물기가 빠진다. 밑에
헝겊을 깔아 둔다.

구부려 쓸 수 있어
편리하다
효자손 옷걸이

P.48

심이 철사 옷걸이이므로 자유자재
로 구부려서 사용할 수 있다. 모든
재료가 폐품이므로 쓰다가 더러워
져서 버려도 전혀 아깝지 않다.

 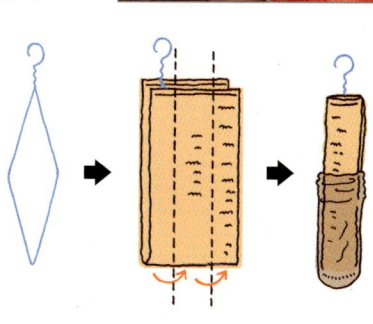

철사 옷걸이를 그림과 같이 늘린 뒤 오래된 손수건으
로 감싸고 낡은 스타킹을 씌우면 완성.

'프로젝트K' 의 발자취
집이 지어지기까지의 역사

처음에는 '곤도 저택 건설 계획'이라고 불렀다.
'프로젝트K'는 관계자들 사이에서 자연스럽게 생긴 별명.
K는 물론 곤도 씨의 K이다.
완성된 집은 단순한 건물이 아닌 만남의 장이자 제안의 장, 그리고 표현의 장이 되어야 했다.
집이 지어지기까지의 과정을 돌아보았다.

2002년 12월
집을 짓기로 결심하다
곤도 씨는 말했다. "몇 년 전부터 내 삶의 방식을 표현한 새로운 집을 짓고 싶다는 꿈이 있었어요. 구체적으로 땅을 찾아보기로 결심한 것이 이 즈음이죠."

2003년 3월
시간이 날 때마다 주택가를 탐방하다
이 무렵부터 시간이 날 때마다 주택가를 걷거나 운전하면서 외벽과 현관의 모델을 찾아다녔다. 참고 사항은 메모. 이미지가 샘솟듯 떠오르는 신나는 작업이었다.

5월경
건축 회사 담당자와의 첫 인사
전부터 약속했던 건축 회사인 폴라스 그룹에 정식으로 의뢰. 곤도 씨는 이미지를 전달하면서 전시장과 모델룸을 견학했다.

6월경
드디어 설계 회의 시작
곤도 씨의 사무실에서 일주일에 1회 2~3시간 정도 건축 회사 담당자와 회의를 했다. 꼬리에 꼬리를 무는 머릿속 이미지들을 정리해 갔다.

7~9월
건재와 주방 등의 전시장 순회
이 무렵엔 건재와 변기, 주방, 수도 꼭지 등 크고 작은 설비와 부속물을 보러 다녔다. 주방 메이커인 선웨이브와 협력하게 되었고, 오사카의 건재 페어에서 알게 된 아사히 우드테크와도 바닥재 공동 개발을 약속하는 등 분주한 나날들이었다. 설계 조정도 동시에 진행. 당초 계획인 지상 4층에 지하까지 추가하는 작업도 이루어졌다. 토지 규제와 조건 속에서 목표를 어떻게 실현할 것인지를 고민했던 날들.

위쪽은 새 집을 위해 곤도 씨가 만든 스크랩북. 선호하는 이미지와 싫어하는 이미지의 사진을 모았다. 오른쪽은 설계도. 여러 차례 수정되었다.

현장과 곤도 씨의 생활의 흐름

2003년

곤도 씨가 전에 살던 집
9년간 살았던 집. 건평이 14.5평이니 결코 크다고 할 수 없다. 그래서 가구와 수납 공간 사용법에 더욱 고민하며 살았다.

● **5월 14일**
토지를 구입하다
바쁜 나날을 보내며 틈틈이 시간을 내서 땅을 찾아다녔다. 방점을 찍은 곳은 역에서 가깝고 조용한 주택가를 의미한다. 업무적 편의 외에도 가족에게 친숙한 지역으로 정했다.

● **5월 26일**
토지를 인도받다

10월 2일
수납 가구 개발 기획 시작
건재 제조사인 아이카 공업의 의뢰로 곤도 씨가 강연한 세미나장에서 수납 가구 제조사인 마노네를 알게 되었다. 카탈로그를 보고 의기투합한 곤도 씨, 수납 가구를 공동 개발하기로 약속.

10월 24일
건축 회사에서 보낸 외관 모형에 설레다
지금까지 도면과 머릿속에만 존재하던 생각이 드디어 입체화되었다. 두근두근대는 가슴을 진정시켜야 했다.

11월 2일
'프로젝트K' 발족
건축가 에구치 다카노리 씨가 브레인으로 참가. '프로젝트K'의 명명자인 그는 이후 곤도 씨의 참모로 대활약하게 된다. 이날부터 약 2주 뒤, 에구치 씨에 의해 안이 보이는 흰색 모형이 완성되었다 (아래 사진).

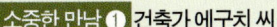

소중한 만남 ❶ 건축가 에구치 씨

곤도 씨와 친한 디자이너(사진 오른쪽)의 남편. 결혼 피로연에서 이야기가 무르익어 이 계획에 참여하게 되었다. "에구치 씨는 내가 이미지로 그리고 있던 것에 대해 객관적인 충고와 참신하고 섬세한 아이디어를 아끼지 않았어요. 바쁜 저를 대신해서 건축 회사와 저를 연결해 주는 다리 역할도 해 주셨죠. 전문적인 이야기를 알기 쉽게 풀어 주고, 검토 중인 소재나 디자인의 장단점을 냉정히 알려주고, 자신의 생각을 강요하지 않았어요. 제 수첩을 보면 에구치 씨와 회의를 한 날에는 감사 표시인 하트가 매우 많이 그려져 있답니다."

12월 3일
주방의 모형이 완성되다
곤도 씨가 착안한 싱크대 달린 가동식 아일랜드 카운터. 이 주방을 함께 개발한 주방 가구 메이커인 선웨이브에서 만들어 준 모형으로, 배치 패턴을 시뮬레이션한 것이다.

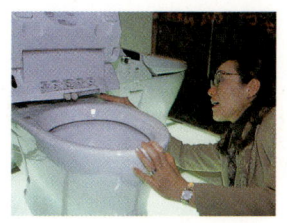

2004년 1월 22일
화장실 전문가를 만나다
오래 전부터 INAX의 변기에 빠져 있었다는 곤도 씨. 화장실 사용에 관한 의견을 교환하기 위해 INAX를 방문했을 때 담당자가 꼭 소개해 주고 싶은 사람이 있다고 해서 만나게 된 사람이 다카노 히데오 씨다.

소중한 만남 ❷ 디자인 디렉터 다카노 씨

"다카노 씨는 '화장실은 응접실'이라고 했습니다. 저도 화장실이야말로 완벽한 설비를 갖춰야 하는 곳이라는 생각을 갖고 있었기에 금세 의기투합할 수 있었죠. 다카노 씨의 사고방식에 감동했어요. 그와 이야기를 나누는 시간이 무척이나 즐거웠고, 내용도 선명하게 기억하고 있을 정도니까요. 그 뒤 일주일간은 '대단한 사람을 만났다.'고 자랑하고 다닐 정도였답니다."

2월 16일
수납 가구 제조사의 시작품에 감동
사람들이 여럿 모였을 때 빛을 발하는 나무 의자 (23쪽 참조). 여러 번의 협의와 시작 과정을 반복한 끝에 비로소 만들어진 작품.

● 10월 12일
지진제를 지내다
건축의 안전과 거주자의 행복, 토지의 부정한 기운을 씻어 줄 것을 기원하는 지진제를 지내다. 이것이 끝나면 드디어 공사가 시작된다.

● 10월 중순
지반 공사와 현장 출입 개시
공사가 시작되었다. 일주일에 2~3회 정도 곤도 씨도 현장에 출입했다. 곤도 씨가 가지 못하는 날은 조수들이 매일 간식을 가져갔다. 인부들이 마음 놓고 차를 마실 수 있도록 조수들이 준비한 보온병은 모두 3개.

● 11월 10일
임시 주택 결정

● 11월 15일
트렁크 룸을 둘러보다
임시 주택에 살 동안 사용하지 않는 의류와 손님용 이불 등은 트렁크 룸으로. 입구의 넓이와 복도의 폭 등을 잰 다음 들일 수 있는 가구의 크기를 확인했다.

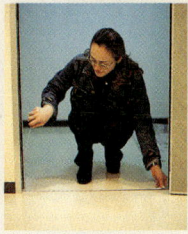

2월 17일
바닥재 공장에 가서 색상을 조율하다
"아사히 우드테크는 다양한 바닥재를 개발하고 있는 회사입니다. 제가 원하는 색으로 바닥재를 만들어 준다고 해서 공장까지 찾아갔지요."

2월 19일
'레일' 사건

저장실과 세탁실 사이에서 수납장이 이동하는 길인 레일(45쪽 참조). 이날 잘 알고 지내던 덴와공업소의 전시회를 구경하기 위해 신칸센으로 오사카로 이동하던 중 반년 전부터 레일을 공동 개발하고 있던 회사에서 갑자기 포기하겠다는 전화가 걸려왔다. 전시회에서 본 상품 중에서 응용할 만한 것이 있어 덴와의 사장님과 상의했는데 이날로부터 꼭 일주일 만에 레일이 완성되었다. "덴와는 정말 탁월한 기술력을 갖고 있어요!"라고 극찬하는 곤도 씨.

2월 28일
조명 이야기에 깨달음을 얻다

조명 설계가인 야마나카 도시히로 씨에게 거의 결정이 끝난 조명 기획의 도면을 갖고 가서 최종 상담을 했다. 그리고 2-3일 후 기획이 완성되었다.

소중한 만남 ❸ 조명 설계가 야마나카 씨
"사람들과의 소중한 만남 덕분에 이 집이 완성된 것 같아요. 그중 하나가 야마나카 씨와의 만남인데, 어느 날 횟집에서 식사를 하다가 우연히 동석하게 되었지요. 그 자리에 남편과 야마나카 씨의 공통된 친구가 있었거든요. 그 후로 야마나카 씨는 조명에 관한 도움을 주셨을 뿐만 아니라 엔도 조명이라는 조명 회사와 인테리어 숍인 아비타사로네를 소개해 주셨어요. 저도 아비타사로네와는 일 때문에 알고 지내고 있었는데, 왠지 우리 사이는 인연이 깊다는 생각이 들었지요. 아무튼 운명적인 만남이었던 같아요."

3월 16일
인테리어 숍을 돌며 소파와 블라인드를 둘러보다

슬슬 소파 등의 큰 가구를 둘러볼 차례. 크기(특히 안 길이와 등받이의 높이), 소재, 색상, 관리의 편리성 등을 정리한 다음 가게를 돌아보기 시작했다.

전에 살던 집에서도 애용했고, 새 집에서도 사용하기로 한 일본 헌터 더글러스의 블라인드. 전시장에 신상품을 보러 갔다.

3월 25일
독특한 건재로 된 시작품 확인. 소파 구입
건재 제조사인 아이카공업의 손질이 간단한 벽재. 안팎이 다른 문 등의 시작품을 보러 갔다. 그리고 인테리어 숍인 아비타사로네에 가서 소파를 구입했다.

● 11월 26~29일
임시 주택으로 이사하다

임시 주택에서의 재활용 생활
불편함과는 절대 타협하지 않는 곤도 씨지만 임시 주택에서는 수납 가구를 일체 구입하지 않았다. 갖고 있던 가구를 재조립해서 만든 주방 카운터와 작업용 책상 등 재활용 정신을 발휘했다.

3월 26일
냉장고를 둘러보다

크기가 작으면서도 수납 공간이 넓은 냉장고를 찾아 히다치의 전시장에 갔다. 메인 냉장고 외에 시어머니 방에 놓을 미니 냉장고도 확인했다.

4월 10일
주방 용품을 사러 그릇 상가로

많이 사람이 모일 수 있는 집을 만들기 위해 식기와 조리 도구는 확실히 준비해 두고 싶었던 곤도 씨. 접시와 냄비는 접대에는 물론 일상적으로도 사용할 수 있고 손질이 간편하고 공간을 많이 차지하지 않는 것이 조건. 도쿄의 업무용 주방 용품 거리, 갓파바시로.

4월 12일
아리타도기의 제조사와 독창적인 식기를 개발하기로 결정

조수 중 한 사람이 사가 출신이라 알게 된 아리타도기와 이마리도기를 취급하는 상사, 도쿄야마토. 곤도 씨의 새 집에 어울리는 곤도식 아이디어를 담은 식기를 함께 개발하기로 했다.

4월 6일
주방 메이커의 시작 모델에 감격

선웨이브에 의뢰했던 쓰레기 투하 장치, 싱크대가 달린 가동식 아일랜드 카운터의 시작품을 보러 공장에 갔다. 제안 당시에는 담당자조차 고개를 갸웃거린 아이디어가 실현 가능한 시작품의 형태로 등장해서 감격 또 감격!

5월 1일경
현장에서 내장재 최종 확인

내장재는 실제로 그 자리에서 빛과 면적의 느낌을 파악하면서 확인하는 것이 가장 좋다. 바쁠 때는 건축가 에구치 씨가 곤도 씨 대신했다. 시간이 허락하면 곤도 씨도 함께 현장으로.

2004년

● 12월 중순
지하부터 모양이 갖춰지다

● 1월 21일
상량식

상량식이란 마룻대를 올리고 그것을 축하하는 의식이다. 1층 중앙에 제단을 만들고 지신으로부터 신주(神酒)를 받았다.

● 2월 중순
주요 배관을 깔다

● 3월 중순
엘리베이터를 설치하다

5월 30일
준공

예상보다 공사가 길어져 주변에 폐를 끼치게 되지 않을까 염려했으나 관계자들의 아량과 협력으로 마침내 새 집이 모습을 드러냈다. 하지만 곤도 씨의 집은 이것으로 '완성'이 아니다. 즉시 입주해서 거주하면서 설비와 수납 등을 능률적으로 조정해 가는 날들이 시작되었다.

6월 10일
맞춤 제작한 테이블이 완성!

건축가 에구치 씨가 추천한 가구 디자이너 하세가와 데츠오 씨에게 의뢰했던 테이블이 완성되었다. 사람 수에 맞춰 변경 가능한 크기에 가벼운 바퀴. 아이디어 그대로 작품이 나왔다.

6월 중순
사무 용품을 구비하다

디자인, 색, 관리의 편리성 등을 충족시키는 서류 파일, 의자, 사무용 소파 등이 갖춰져 작업실다워졌다.

프로젝트는 아직 끝나지 않았다

지금까지는 '프로젝트K'의 시작에 불과하다. 프로젝트는 아직 끝나지 않았다. 실제로 생활하면서 아이디어를 추가해서 보다 편리하고 참신한 공간으로 거듭날 것이다. 손님이 원하는 것을 반영하게 될지도 모른다. 또한 이번에 집을 지으면서 알게 된 사람들과의 협력은 앞으로도 계속될 것이다. "다양한 업종에 종사하시는 분들이 이곳을 계속해서 거리낌 없이 실험의 장으로 활용했으면 해요."라는 곤도 씨.

아무것도 없는 공간이 이렇게 바뀌었다

가지고 있는 것을 모두 수납한 뒤에는 보다 넣고 꺼내기 편하게, 최적의 보관 상태가 될 수 있도록 조정했다.

필요한 것은 공간에 맞춰 DIY도

생활해 보고 필요하다고 느낀 것, 처음부터 직접 만들려고 했던 선반 등은 간단 DIY로 완성.

독창적인 가구의 탄생

이번 프로젝트를 계기로 독창적인 가구와 건재 등을 공동 개발해 온 여러 제조사에서 새로운 상품이 속속 탄생할 것 같은 예감이 든다.

● 4월 초순
4층 바닥을 깔다

● 4월 하순
비계를 철거하다

● 5월 6일
주방 가구를 들이다

2층에 시스템 키친을 들였다. 곤도 씨가 심혈을 기울인 대규모 시스템 키친은 현관으로 들이지 않고 단품으로 분리하여 크레인에 달아 2층 창문을 통해 들인 뒤 기술자가 정성 들여 조립하고 설치했다.

● 5월 31일
새 집으로 이사하다